普通高等教育"十二五"应用型本科规划教材

网页设计

主编 刘 华 程 超

西安交通大学出版社
XI'AN JIAOTONG UNIVERSITY PRESS

内容简介

本书的特色是基于艺术实践为主导的教学模式,有别于目前市场上绝大部分网页设计类书都是技术和操作方面的教程,本书尝试从艺术设计的角度入手,让艺术实践和技术运用相结合,力求具有指导性、实用性和可操作性。本书共分为网页设计概念和流程、网页设计的策划与创意、网页设计的色彩运用、网页设计的版式构成原理和综合运用、网页设计的技术和软件运用五大版块,每章节结合具体的优秀网页设计案例来进行深入浅入的讲解,清晰易懂,易学易用,易于施教。

图书在版编目(CIP)数据

网页设计/刘华,程超主编;尹娟参编.—西安:
西安交通大学出版社,2014.11(2022.8重印)
ISBN 978-7-5605-6824-9

Ⅰ.①网… Ⅱ.①刘… ②程… ③尹… Ⅲ.①网页制作工具 Ⅳ.①TP393.092

中国版本图书馆 CIP 数据核字(2014)第 259309 号

书　名	网页设计
主　编	刘　华　程　超
责任编辑	李　文

出版发行　西安交通大学出版社
　　　　　(西安市兴庆南路 1 号　邮政编码 710048)
网　址　http://www.xjtupress.com
电　话　(029)82668357　82667874(市场营销中心)
　　　　　(029)82668315(总编办)
传　真　(029)82668280
印　刷　西安五星印刷有限公司

开　本　787mm×1092mm　1/16　印张 9　字数 215 千字
版次印次　2014 年 12 月第 1 版　2022 年 8 月第 3 次印刷
书　号　ISBN 978-7-5605-6824-9
定　价　38.00 元

如发现印装质量问题,请与本社市场营销中心联系。
订购热线:(029)82665248　(029)82667874
投稿热线:(029)82664954
读者信箱:jdlgy@yahoo.cn

　　设计的外延是随着时代的变化而不断拓展的，在这个信息全球化的时代，以互联网为载体的网页设计已经毫无疑问地成为了全球高等院校的艺术设计专业和计算机开发应用相关专业的热门专业课程。网页设计是具有学科交叉性质的一门艺术与技术相结合的课程。网页设计既有传统平面媒体设计的所有特点，也有新媒体设计的交互性、体验性特点和多媒体所呈现出来的丰富视觉效果，需要我们用新思维、新方法来进行学习和了解。在当今呼唤创新型社会人才的背景下，要想成为信息时代的优秀设计人员，面对包括网页设计在内的新媒体设计课程时，我们学习的过程中不仅要注重对网页设计技术的了解和软件操作应用的培养，更应该注重对网页设计视觉语言和规律的认识，这样才能做出符合用户和时代需要的设计。

　　本书是针对用户学习网页设计而编写的，是一本内容丰富、实用性较强的网页设计教材，注重网页设计的视觉性和技术性的结合，适合读者进行较为系统性地学习。本书结合实际案例，以视觉艺术和实用设计为导向，注重理论与实践的结合，系统地介绍了网页设计的各方面知识与技巧。本书共分五个部分，分别是网页设计概念和流程、网页设计的策划与创意、网页设计的色彩运用、网页设计的版式构成原理和综合运用，以及网页设计的技术和软件运用五大版块。内容循序渐进，通俗易懂地讲解网页设计中的各知识点，并配有国内外大量经典和实用的优秀网页设计案例，以帮助读者学习和理解。

网 页 设 计

　　本书在编写的过程中,得到艺术院校师生的大力支持,在这里特别感谢杜靓、郭勇、尹娟、王志勇、莫彦峰的热心帮助,同时也感谢各位设计界同仁和本书读者的支持!

编者

2014 年 11 月

目录
CONTENTS

第一章　网页设计概述

第二章　网页设计的策划与创意

第三章　网页设计的色彩运用

参考文献

网页设计概述

▶ **教学目的**

了解网站，网页的概念；了解网页设计的相关概念；了解网页设计的语言 HTML 和设计软件；理解网站和网页的关系；了解网页设计的流程。

▶ **教学内容**

（1）网页设计的概念

（2）网页的载体——网络的定义和发展

（3）网站与网页的概念

（4）网页设计的流程

设计随时代而变，互联网的普及和信息技术的飞速发展产生了一个新的设计门类——网页设计。网页设计是指使用网络标识语言，通过一系列设计、建模、和执行的过程将电子格式的信息通过互联网传输，最终以图形用户界面（GUI）的形式被用户所浏览。网站是由无数个网页构成的，网站是网页的集合呈现。

网页设计的流程包括网站的前期策划、调查与分析、结构与信息设计、创意与设计制作、测试上传、发布与推广以及维护与更新等方面。

第一节　网页设计的概念

近几十年来我们信息科学技术的飞速发展和互联网知识的快速普及，昭示着信息时代的到来，这为世界各国人们之间的相互信息交换提供了广泛的平台。今天 INTERNET（国际互联网）这种新兴的信息传播介质已成为我们生活的重要组成部分，无以数计的网站的出现，丰富了这个世界和人们的生活。个人网站、企业网站、娱乐网站、门户网站等各类型网站正积极的如雨后春笋般诞生，使得网页设计这一新兴的技术正被越来越重视；在政府的大力倡导下，电子政务、电子商务、企业信息化等信息化应用进展迅速，互联网开始在各个行业、各个部门进行广泛和实质性的渗透。政府信息化、行业信息化、企业信息化和家庭信息化的推进，使得互联网与传统行业、实体经济进一步紧密结合，也使互联网找到了广阔的应用空间，焕发了前所未有的生机与活力。自 2007 年以来，我国互联网上网人数正以每半年超过50％的速度增长，根据 2014 年 1 月 16 日中国互联网络信息中心（CNNIC）在北京发布第 33 次《中国互联网络发展状况统计报告》显示，截至 2013 年 12 月，中国网民规模达 6.18 亿，互联网普及率为 45.8％。中国互联网的快速发展只是世界互联网发展中一个缩影，网络已使得世界变得零距离,而世界范围巨大的市场需求为从事互联网创作工作的网页设计人才提供了广阔的发展空间,信息设计、网页设计、界面设计和交互设计等新兴设计应运而生,这也揭示了设计当随时代而变的普遍规律。

对于设计学科的时代变化而言,网页设计应该是近几十年以来意义深远的新兴设计领域。学习和使用一种全新的设计媒介是一件既令人兴奋又富于挑战的事情,并会促使人们重新认识什么是信息时代设计的问题。新平台和诸多新领域中的活动体现出的交叉性和流动性,赋予了设计这一概念在新时代的经济和社会生活中的重要角色。

维基百科对网页设计的定义是"网页设计是指使用标识语言(Markup Language),通过一系列设计、建模、和执行的过程将电子格式的信息通过互联网传输,最终以图形用户界面(GUI)的形式被用户所浏览"。

简单来说,网页设计的目的就是产生网站,什么是网站呢,从技术上来说,就是网络服务器内的一系列网页的组合,终端用户发出请求后,服务器通过传输特定的网页向用户传输所需的信息。简单的信息如文字,图片和表格,复杂的信息如矢量图形、动画、视频、声音频都可以通过使用相对应的技术手段设计制作并植入到网站页面上。

事实上,网页设计学科与其他设计学科一样,代表一种思路,一种为客户利益的服务,一种对于限制条件的理解,一种解决问题的方法和过程,一种成果在某种程度上可量化的活动。网页也吸收了其他设计学科,甚至非设计学科的技术特征,形成一种以图形用户界面设计和交互设计为特点的设计系统。与其他领域的设计师相比,网页设计师需要与掌握这些技术的人们充分合作。

网页是借助于界面设计与程序互动、动画等方式向大众推广相关信息的媒体,所以随着信息技术的更加专业化,越来越明显的倾向表明,网页设计涉及到更广泛的设计实践领域(见图1-1),网页设计和网站的发展会逐渐成为几个不同领域的成员来共同参与的设计种类。网页设计包括了界面设计、程序开发、网站内容管理等几大部分的内容。其中界面设计需要视觉传达专业的知识,而程序开发涉及到计算机信息技术的知识;网站内容管理则包括信息管理学、传播学等方面的知识。针对不同的网站设计项目,不同学科的成员组成工作小组,各司其职,协同工作是一个不错的选择。

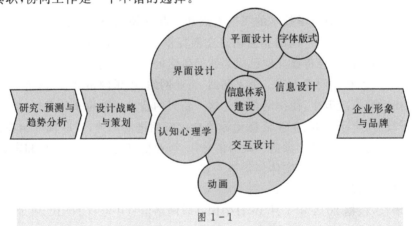

图 1-1

对于艺术设计专业的人,要成为一个真正意义上的网页设计师(Web Designer),掌握和精通网页界面设计的相关知识是个必备的基础,这其中的内容包括:了解网页设计的流程和技术环节,熟悉网页设计的策划和创意环节,学习网页设计的色彩运用、网页设计的版式构成原理,了解网页设计的互动性特点,以及掌握与之相关的可视化的网页设计制作软件。针对以上内容,本书将以章节的形式,本着实用的角度,进行详细地图文讲解,并配以适当的成功网页设计案例进行解析。如何将技术和艺术完美融合,设计出具有针对性和风格特色的网站将是我们这本书所要讲述的主要内容。

第二节 网页的载体——网络的定义和发展

网页设计的应用平台是网络,随着信息技术的发展,网络成为人们共享信息的必然。目前信息技术已经深入到人们日常生活的各个领域,网站的建立就可以看作信息技术的一种具体应用,而网站又是网页的集合体。因此,要了解网页设计的相关知识,我们不能不首先了解网页设计的载体——计算机网络的定义和发展情况。

一、网络的定义

1.计算机网络的定义和发展

在 20 世纪 50 年代中期,许多系统都将地理上分散的多个终端通过通讯线路连接到一台中心计算机上,这样就是出现了计算机网络系统。随着远程终端的增多,在主机前增加了前端机,随着发展,人们有了更深的理解。把计算机网络定义为"以传输信息为目的而连接起来的,实现远程信息处理或进一步达到资源共享的系统",这就是网络的雏形。20 世纪 70 年代至 80 年代中期计算机网络得到了迅速的发展。国际标准化组织(ISO)在 1984 年颁布了 OSI/RM.定义了新一代计算机网络体系结构的基础为七层模型,即分别为:物理层、链路层、网络层、传输层、会话层、表示层、应用层。

目前计算机网络比较公认定义是:计算机网络是指在网络协议的控制下,通过通讯设备和线路来实现地理位置不同且具有独立功能的多个计算机系统之间的连接,并通过网络操作系统等网络软件来实现资源共享的系统(如图 1-2,为计算机网络示意图)。

图 1-2

2.计算机网络的分类

计算机网络分类方法多种多样,常用的方法有:按网络的拓扑结构分类,按传输介质分类,按传输速率的分类,按数据交换方式分类以及按网络覆盖的地理范围分类。按照网络覆盖的地理位置范围的大小分为:局域网(如图1-3,为局域网示意图),城域网,广域网。通常我们说的网络其实多是指广域网。

图1-3

3.网络的功能

由网络的定义我们可知网络的功能就是数据通讯和资源共享。

二、Web 的诞生和发展

万维网(Wored Wide Web,WWW)的字面直译是"环球信息网",在英文媒体里,它经常被简称为 Web。万维网的诞生在互联网史上是一个重要历史事件。它使我们更方便地访问互联网上存在的信息资源,它的出现和流行最终取代了在它之前的、几乎所有五花八门的网络用户应用技术。其发明人是英籍软件工程师蒂姆·伯纳斯·李(Tim Berners - Lee)。万维网的根本目标是将人们"更好地联系在一起——联结成一个更好的状况"。万维网的中心思想就是将超文本嫁接到因特网上,从而使所有的网络资源可以用一个统一的界面来搜索和使用。

图1-4

　　1990 年 11 月,伯纳斯·李在欧洲量子物理实验中心那台分配给他使用的 NeXT 工作站制作了第一个万维网浏览器(同时也是编辑器)和第一个网络服务器(如图 1-4),并编写了第一个网页,该网页提供了执行万维网项目的细节。1993 年,万维网技术有了突破性的进展,伊利诺伊大学香槟分校超级计算中心的一个学生和一个程序员,合作编写了第一个能够传输多媒体的万维网浏览器,它很好地解决了远程信息服务中的文字显示、数据链接以及图像传递的问题,使得万维网用户可以通过图形界面,很方便地查询到以前要通过好几种不同程序查询的信息,这使得万维网顿时跃居为互联网上最为流行的信息传播方式。根据保守估计,互联网上现至少 80 多亿可查询到的网页。

图 1-5

　　万维网(World Wide Web,WWW)是指在因特网上以超文本为基础形成的信息网。万维网为用户提供了一个可以浏览的图形化界面,用户通过它可以查阅 Internet 上的信息资源(如图 1-5)。万维网是网站与网页出现的基础。

　　1. 在机房试着访问本地网络上的共享资源,接着再访问中南民族大学网站(http://www.scuec.edu.cn/),然后再访问搜狐网站(http://www.sohu.com),比较一下有什么不同?

　　2. 进入百度网站(http://www.baidu.com),键入关键字"Web 的诞生和发展"进行搜索,并阅览搜索到的内容。

　　1. 了解局域网、校园网以及广域网等概念。

　　2. 了解 Web 的诞生和发展相关情况。

第三节 网站与网页的概念

一、网站

（1）网站功能：网站是提供发布信息、收集信息的平台。

（2）网站概念：简单地说，网站是由网页通过超级链接有机地集合而成，通过浏览器看到的画面就是网页。

（3）网站的分类：按网站的目的将网站分为：企业网站、政府网站、专业网站和个人网站。图1-6是中国互联网新闻中心发布的我国最近的不同性质类型网站分布示意图。

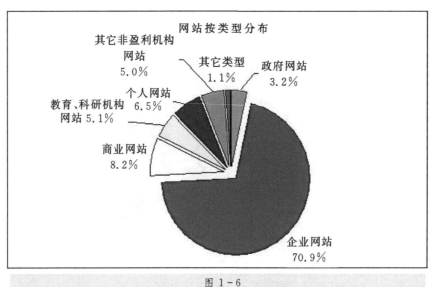

图 1-6

（4）网站的管理功能：故障管理、计费管理、配置管理、性能管理、安全管理、站点信息管理。

（5）网站的地址：为了使得接入的INTERNET的众多主机和通讯设备在通信时能够相互识别（见图1-7），在Internet中每台计算机都分配一个唯一的IP地址，每个IP地址是由四个整数组成，每二个整数之间用点隔开例如：202.112.103.235，其中IP地址的每一个整数都不能大于255。其结构如下：

计算机名	组织机构名	网络名	最高层域名

在INTERNET中把IP定义了五类地址，即A、B、C、D、E类地址。

（6）网站的域名：我们通过域名来访问网站和阅览网页，域名是企业、政府、非政府组织等机构或者个人在互联网上注册的名称，是互联网上企业或机构间相互联络的网络地址。

网络是基于TCP/IP协议进行通信和连接的，每一台主机都有一个唯一的标识固定的IP地址，以区别在网络上成千上万个用户和计算机。网络中的地址方案分为两套：IP地址系统和域名地址系统。这两套地址系统其实是一一对应的关系。由于IP地址是数字标识，使用时难

图1-7

以记忆和书写,因此在 IP 地址的基础上又发展出一种符号化的地址方案,来代替数字型的 IP 地址。每一个符号化的地址都与特定的 IP 地址对应,这样网络上的资源访问起来就容易得多了。这个与网络上的数字型 IP 地址相对应的字符型地址,就被称为域名。通俗地说域名就是相当于一个家的门牌号码,别人通过这个号码可以很容易地找到你的网站。

一个域名一般由英文字母和阿拉伯数字以及横"－"组成,最长可达 67 个字符(包括后缀),并且字母的大小写没有区别,每个层次最长不能超过 22 个字母。这些符号构成了域名的前缀,主体和后缀等几个部分,组合在一起构成一个完整的域名。

域名可分为不同级别,包括顶级域名、二级域名等。同时域名可分为不同类型,包括国际域名和国内域名。目前 200 多个国家和地区都按照 ISO3166 国家代码分配了顶级域名,例如中国是 cn,美国是 us,日本是 jp 等(见图1-8)。

国际通用顶级域名		国家或地区顶级域名	
域名	含义	域名	含义
com	商业组织	au	澳大利亚
edu	教育机构	cn	中国
org	非盈利性组织	de	德国
mil	军队	fr	法国
gov	政府部门	hk	中国香港
net	网络技术组织	uk	英国
int	国际性组织	jp	日本

图1-8

二、网页

1. 网页制作的基础知识

人们在通过 INTERNET 获取信息的同时,纷纷建立自己的主页和网站,向世界展示自己。一个网站可以包含一个或多个网页,这些网页以一定的方式连接在一起,成为一个整体,供人们观赏和为人们提供服务。一个成功的网站的建设离不开其中每一张制作精美的网页。

2. 网页的基础——HTML 语言

超文本文件的格式早在 1945 年就由 Vannevar Bush 提出,他在理论上建立了一个超文本文件系统。1965 年 Ted Nelson 第一次使用"超文本"一词来形容这种管理信息的系统。与 Bush 一样,他的超文本文件系统"Xanadu",最终也未能获得成功。1967 年,在 IBM 资助下,世界上第一个真正运行成功的"超文本编辑系统"建成,这项研究由 Andries Van Dam 主持,在美国布朗大学最终完成。1969 年,美国国防部高级研究计划署建立了 ARPA 网,该网络最成功的技术就是 TCP/IP 协议。

超文本标识语言(HyperText Markup Language,HTML)的 HTML 最早版本起源于 1992 年,HTML 4.01 版于 1999 年 12 月 24 日被推荐使用。HTML 最初用于发布信息,并没有在网络上使用。但它那极容易使用的显著特点和随着网络带宽的逐渐增加,人们便将其作为网络上发布信息的首选语言。超文本标识语言的领头先锋是美国麻省理工学院计算机科学实验室的 WWW 标准化组织,又称万维网联盟,其互联网地址为:http://www.w3c.org。有关 HTML 语言的各种参考资料和 W3C 行将发布的各种新版特征、最新消息等内容,均可以在这个网站上查到。

此语言可以把网页里的文字、表格、图像、动画、声音和视频等有机地组织在一起,构成一种超文本 标记语言(HTML)。HTML 语言生成扩展名是. HTM 或. HTML 的文件。HTML 语言是标准的 ASCII 文件,由一对标记,<HTML>和</HTML>组成,内容包括文件头,文件主体,文件结尾三部分。

3. 网站与网页的关系

网站和网页是父子关系。网站是由众多的网页组成的,所以从某种角度上讲,建设网站就是设计制作网页,其中主页是整个网站最为重要的网页。

网站是一个主体,是"框架";网站突出一个主题;网站的目标是组织;网站好比一本画册。网页是被包含于网站之中的个体,是"砖瓦";网页围绕网站主题各分项,丰富和烘托主题;网页的目标是表现;网页好比一本书中的每一个分页。

三、网页设计的相关知识

1. 网页设计的技术原理

早期的网页外观是静态的,只有文字与静态的图片,用户只能被动地阅读网页制作者提供的信息。其网页的内容也是静态的,若无外来干预,其内容不会自动改变,也无法通过网页实现与访问网页者交互信息的功能。因此,为了克服静态网页的呆板、缺乏交互性等缺点,使网页变得绚丽多彩、充满互动性,动态网页便应运而生。

动态网页技术包括网页的动态表现技术与网页的动态内容技术,前者是网页外观的动态表现技术,如 GIF 动画、Flash 技术、DHTML(动态 HTML)技术、VHTML(虚拟 HTML)技术、VRML(虚拟实现造型语言)技术等。而网页的动态内容技术是通过一定的计算机语言编程如 CGI、ASP、JSP、PHP 等来实现的,使得计算机按照网页设计者设置的网页格式,生成所需要内容的网页并传送给访问网页者浏览。

2. 网页制作的工具

虽然 HTML 语言是功能强且语法简单的网页设计语言。但是,直接用 HTML 在普通的文本编辑器上编写制作复杂精美的网页是很不方便的。网页设计者不得不花大量的时间去测试所写的文档是否合乎语法规则,又不能在网页设计的同时就了解文档在浏览器上显示的确切效果。其次要记忆、掌握大量的 HTML 语言的语法规则也不是一件容易的事情。而现在可视化网页设计工具可以使得设计者网页设计轻松自如。网页设计的工具有很多,当前流行的工具有:

Frontpage:它是建立和管理专业网站的简易工具,用户可以精确地将网页中的每一个元素放置在网页的任意位置上;用户可以自定义主题。它具有方便的数据库管理功能,还能提供灵活的网页发布工具。

Dreamweaver:它是 Adobe 公司推出,可以最快的方式将 Fireworks、Photoshop 等设计文件移至网页;它能够通过网站地图快速制作网站雏形、设计、更新和重组网页;提供了可视化编辑与原代码编辑同步的设计工具;集成了动态出版可视编辑及电子商务功能,在动态网页设计中网页的预览无需通过浏览器;利用它设计的网页一般不受平台的限制。

Flash:它能制作网页中可任意放大的动画,使用方便,它提供的交互动画文件容量很小,它使用流技术播放动画,便于插入网页中进行设计。同时 Flash 也可以单独用来设计一些专题性的交互式网站。

Dreamweaver、Fireworks(或 Photoshop)、Flash 三种网页设计工具通常被称为"网页设计三剑客"。Dreamweaver 用来进行网页设计集成,Fireworks(或 Photoshop)用来设计网页图像,Flash 用来设计网络动画或交互式元素。在本书后面的网页设计技术篇中的章节我们将对此进行一些详细的讲解。

常用的网页设计工具还有 Interdev,Hotmetal Pro 等等。这里不做一一介绍。

3. 网页设计"技"与"艺"的关系

网页制作是一个系统工程,一个网页的优劣完全取决于设计者的综合素质和动机。不仅仅是一个技术的问题,还要重视艺术性。技术是基础,艺术是升华,艺术效果表现用技术来实现。好的网页会令访问者瞩目,这不仅仅是技术的高超,而是艺术效果吸引了浏览者的眼球。所以这是一个综合性的系统工程。

1. 打开新浪网站(www.sina.com.cn),指出其中包含的网页通常怎样对网页内容进行分区?各分区分别放置什么内容?

2. 打开 www.hao123.com 网站的网址导航,点击不同的类型网站进行阅览,分析其不同的网站定位和风格。

3. 找出自己经常访问的 3 个网站首页,并试分析它的归类。

4. 网页与网站有何不同?请举例说明。

 实验要求

1. 了解访问网站原理和什么是网站。
2. 了解企业网站、政府网站、专业网站和个人网站等类型网站的异同。
3. 了解网站分类。
4. 了解网页与网站的关系。

第四节 网页设计的流程

一、前期策划

1. 明确设计任务

一个设计师在接受任务之前,必须搞清楚服务对象的基本情况和意图,弄清楚所要设计的是一个什么样的任务。企业设计网站的原因很多:

① 新公司或服务的需要;

② 旧网站的改版、更新;

       ......

2. 调查研究与分析

任何主页都要根据主题的内容形成风格,只有熟悉题材和内容设计工作才能有的放矢,取得理想效果。分析的内容包括:

(1)目标市场分析

分析受众群体的文化水平,价值观念,所在的国家,民族及喜好等。

(2)同类行业网站分析

同类行业网站的总体色彩风格,排版布局,页面内容的选择及表现形式等。

二、设计制作

1. 创意开发

由单图表现开始,确定设计方向,题材,构思多个方案,尝试从不同角度,方向,不同方式对网页主题进行挖掘和表现,然后将材料进行整理,选择其中较好的进行发散。

2. 结构设计

(1)栏目和版块

网站的结构设计其实也就是合理的设计网站的栏目和版块。首先应突出主题;其次应该有一网站指南或更新列表之类的栏目;接着要有一个与读者交流的栏目;最后最好有个说明性的栏目,以方便网友。

(2)目录的结构设计

目录的结构设计要注意以下几点:

按栏目内容建立子目录；

在每个主目录下都建立独立的 images 目录；

目录的层次不要太深；

避免使用中文目录；

尽量使用意义明确的目录。

3. 修改及定案

应及时的听取多方面的意见并对收集材料汇集整理，修改，并最终定稿。

三、测试上传及维护更新

1. 测试

在站点被提交给客户之前，设计师要彻底测试每个 Web 页面和链接，利用设计清单，进行修补。

2. 发布、推广

整个网站设计、测试完成以后，就可以去寻找 ISP（Internet Service Provider，互联网服务提供商），将网站的所有内容上载到互联网上。发布网站的方案有多种，其中主要采用三种方案：①虚拟主机；②主机托管；③主机租用。

在选择 ISP 时，最好还能了解 ISP 具有的服务能力和服务环境等内容，如：

（1）服务器的硬件配置（包括服务器的类型、CPU、硬盘速度、内存大小、网卡速度等）；

（2）服务器所在的网内环境与速度；

（3）服务器所在的网络环境与 Internet 骨干网相联的速率；

（4）ChinaNet 的国际出口速率；

（5）ISP 与 ChinaNet 之间的专线速率；

（6）ISP 向客户端开放的端口接入速率；

（7）用户自己的计算机配置、Modem 的速率、接入线路的质量等。

正式发布后的网站往往希望大量的浏览者访问，提高自身的知名度，提升网站的形象。我们可以尝试使用以下方法：

（1）利用传统媒体（如广告、公关文档、促销宣传等）；

（2）像对待商标一样，将网址印制在商品的包装和宣传品上；

（3）与其他网站交换链接或购买其他网站的图标广告；

（4）向互联网的搜索引擎网站提交本站点的网址和关键词；

（5）在主页面的原代码中，使用 META、TITLE 标识加入网站的关键词，以利于区别检索；

（6）向访问率较高的导航网站，如雅虎、搜狐等注册；

（7）通过在网站上设立有奖竞赛的方式，提高点击率。

3. 反馈、评测

网页设计的优劣是通过浏览者的认可而得出的，我们可以使用计数器、计时器、留言板、调查表以及有奖问答等形式收集数据，分析网站或某个网页被访问的次数或浏览者停留的时间,评测网页的设计或内容的新颖程度。

设计出达到用户目的的网页,吸引尽可能多的人参观访问是一个值得研究的课题。一定要注重信息的调整、更新和修改,使网页内容始终处于一个不断发展,日趋完善的动态环境中。能够吸引大量的浏览者访问网站只是成功的一半,若以新奇的版式、独特的内容和服务使浏览者再度来访,或向其他人介绍网址,宣传网站的内容,才可能是真正的成功。

4.点后期更新及维护

网站中随着新信息的加入,老信息的删除,要不断地对网页进行更新并维护,使其能始终正常运行。

更新前的准备:

(1)了解市场需求,大多数网页都或多或少的与经济利益相挂钩,应以市场的导向,为其服务。

(2)了解受众的心理,设计网页需要了解你的受众,了解什么东西在吸引他们,需要了解他们的感受,这样会有助于你建立站点的色调和个性。

以上所讲是网页设计的整体流程,针对不同类型、不同行业性质的网站设计,会有所差异和不同。图1-9所示,则是是从网站设计开发的三个阶段(前期工作、建设开发和后期工作)顺序来进行一个典型性的商业公司网站设计制作的流程图。

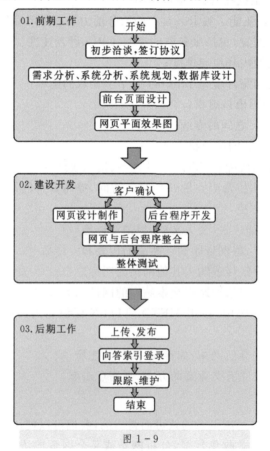

图1-9

实验项目

1. 学生分组选定一个行业的网站进行网上调查,对其进行设计方面专题性的分析。
2. 在所调查的网站中选定一个来进行改版设计,写出具体的设计提案。

　实验要求

1. 要求至少调查 30 个网站,了解其行业网站的设计特点。
2. 熟悉网站设计的流程,学会做商业网站提案。

第二章 网页设计的策划与创意

▶ **教学目的**

了解策划和创意对于网页设计的意义，掌握网站策划的流程和一些网页设计创意的方法。

▶ **教学内容**

（1）网页设计的策划

（2）网页设计的创意

一个网站的成功与否和建站前的网站策划有着极为重要的关系。在建立网站前应明确建设网站的主题定位和目的，确定网站的功能，确定网站规模、投入费用，进行必要的市场分析等。策划先行，建设网站只有事前进行详细的规划，才能避免在网站建设中出现的很多问题，使网站建设能顺利进行。

创意又是一个网站生存和吸引人的关键。创意不仅指一个站点的整体创意，即因某个念头或创意而创建了这个站点，也指具体的网站界面设计的形式感以及与受众的互动方式等的创意形式。

第一节 网页设计的策划

俗话说得好，"良好的开端是成功的一半"，无论是商业网站还是个人网站，网站策划都是开局的第一步，网站的策划就像盖大楼用的图纸一样重要，成功的策划将会对网页制作起到重要的指导作用。页面设计与整个网站规划是分不开的。也就是说，前期的网站策划才是灵魂和整体设计的基础。

当人们访问你的站点时，他们都会立即下意识地判断：这个站点怎么样？值不值得看看？有没有我需要的信息？值不值得把它加入到我的收藏夹中去？要知道，在网络信息的虚拟世界里，互联网提供了信息展示的平台，同时也让这个虚拟世界充斥着数不清的商业站点、垃圾站点，大多数站点缺乏灵魂和主旨，抛开网站内容不说，网页导航混淆不清，版式色彩乱七八糟，原因就在于缺乏先导性的策划设计。因此要想使你的网站从那些数不清的站点中脱颖而出，就必须对整个站点作好统筹安排和规划，对所有的内容进行细意斟酌，把所有的意念合理地组织起来设计一个合理的页面样式。下面我们就具体地来探讨一下网站策划设计。

一、市场调研和主题定位

有道是，"知己知彼，百战不殆"，在设计一个网站之前，我们应当了解一下同行业中具有代表性的同类网站和最强劲的对手的发展情况、经营状况，学习他们的长处，找出自己的优势，进行相应的市场调查是很有必要的，可以明确自己网站的主题，寻找一个好的出发点。调查的形式可以以在线调查为主，辅以某种形式的问卷调查、实地调查、资料文献调查等。

在进行相应的市场调查取得数据和分析结果之后，首先要做的是主题定位。任何主页都要根据主题的内容形成其风格，只有决定了题材和内容，设计工作才能有的放矢，取得理想的效果。

现在的网站类型很多，它们提供不同的信息内容。从性质上来说，可简单地划分为两大类：商业类网站（如图 2-1，微软公司主页和图 2-2，麦当劳主页）和非商业类网站（如图 2-3，联合国科教文组织主页和图 2-4，美国哈佛大学主页）。

图 2-1

图 2-2

图 2 - 3

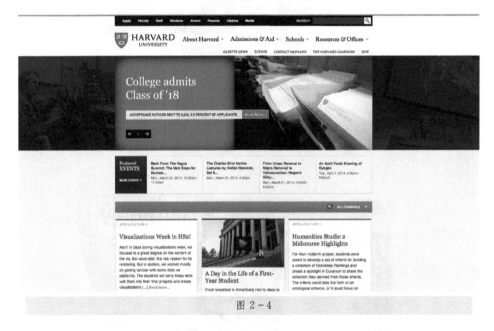

图 2 - 4

　　商业类网站最常见的企业网站,它们是企业的网上窗口,在这里展示着企业文化,发布企业信息、新闻,进行电子商务。这类网站结构类似,参考同类成功网站会有很多值得借鉴的地方。如图 2 - 5 和图 2 - 6 为惠普公司主页,图 2 - 7 为耐克公司主页,图 2 - 8 为苹果公司 ipod 栏目页面,三个不同公司都在网页上用到了不少的黑色和灰色搭配,但仍从界面设计上很好地传达它们之间各自不同的风格和特色。

图 2-5

图 2-6

非商业类网站与商业类网站相比,涵盖内容更广泛,包括政府网站、教育网站、机构网站、文化艺术网站、各种专题性网站、个人网站等。

图 2-7

图 2-8

    另外,有些网站非商业和商业的性质兼而有之,门户网站就是典型的代表。门户网站有很多种,有综合信息类网站,比如美国的雅虎网站,英国的 BBC 网站(如图 2-9),也有分类信息网站,比如赶集网、世纪佳缘等网站。最为国人熟知的是像"新浪"、"搜狐"那种信息类门户,主要以广告收入为主。现在也有"博客"门户等。像"当当"、"淘宝"那样的购物平台(如图 2-10),其实也是一种门户网站,只不过陈列的是商品信息,赢利方式是依靠出售商品。不同的门户,有不同的需求,都应该根据这些需求出发去设计网站,这是众所周知的,但是它们之间也有共性,那就是都要求提高浏览效率,促使网站达成赢利目标。

　　门户的规划要点：①网页的体积要适中；②分类明确，清晰引导；③信息量归类，易于搜索；④风格一致，易于管理；⑤以适当的方式提供多种多样的广告位；⑥分栏目设计突出主题风格。

图 2-9

图 2-10

相对门户网站而言,一些专题性的网站和个人网站则可以按不同类型进行一些个性化的主题定位和风格策划,进行一些个性倾向性更突出的网站设计开发,比如绘画、设计和音乐等类型的网站,如图 2-11、图 2-12。

图 2-11

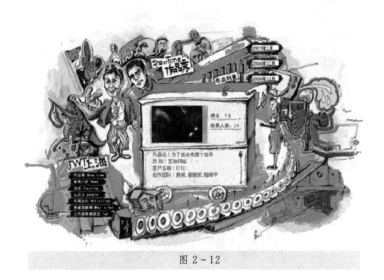

图 2-12

二、设计网站结构

网站设计是一个复杂的过程,本节我们将学习用科学的方法让头绪万千的网站开发任务变得清晰流畅。

1. 项目前期策划

在考虑有关具体工作之前,需要考虑几个问题来帮助我们理清思路。

(1)商务网站策划(如图 2-13):

- 建立网站的目的
- 设想的网站规模
- 网站的主要浏览人群是谁
- 网站的设计特色是怎样的
- 准备投入的预算是多少

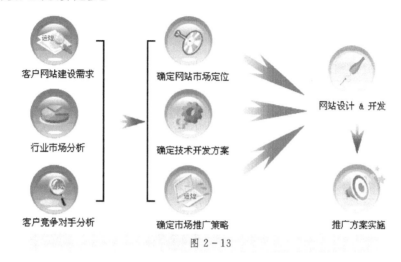

图 2-13

（2）个性网站策划：

- 网站和其他网站有什么不同
- 网站的色彩
- 网站的内容
- 网站给浏览者的印象

（3）以人为本，从用户角度进行设计。

访问者打开你的个人网站后，给访问者的第一印象非常重要，这直接决定着访问者是否能转换为你的客户，因此网站设计的美观度是非常重要的。面对网站的浏览是一项长期而又有挑战性的任务，你需要从用户角度来进行设计。设计网页需要了解我们的最终观众，了解他们的年龄层次，了解他们浏览这个网站的目的（获得信息、娱乐或是其他），了解他们浏览时的感受等。这些都对我们建立站点的色调和个性有帮助。

考虑到用户上网的时候，一般不会在一个他不感兴趣的网站停留过久，他们会用扫描的方式来过滤网页。如果用户不满意，他不会有网站设计者期待的耐心，所以网页设计一定要重点突出，而且富有吸引力。要从战略规划到内容范围，从框架结构和层次导航到视觉表现，都按照用户体验为重的思路来设计网站。

2. 网站结构策划

网站结构是网站设计的基础。当我们开始着手设计网站时，要做的第一件事就是设计出网站结构图。所谓网站结构图就是将网站的架构利用图表的形式表现出来。如图 2-14所示的百姓食品网站结构图。

从大的门户网站到小的个人站点，几乎所有的网站都可分为不可变的和可变的两部分。

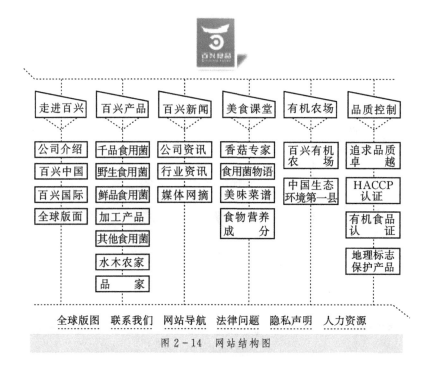

图 2-14　网站结构图

不可变的是整体风格,可变的是不断更新的内容和服务。因此,网站结构图由网站逻辑模型图和网页关系图组成。前者用来设计比较固定的网站架构,后者用来设计林林总总的网站内容,这样可以在保持网站整体风格和导航习惯的前提下不断丰富网站的内容,提高网站的适应力。如果把网站比喻成一棵大树,网站的逻辑模型就是大树的枝干,网站的内容就是叶子。

(1)设计网站逻辑模型图。

日常工作和社会生活中很少需要我们了解事务之间是怎样进行联系的,网站亦是如此。对于每一个网站的新浏览者,他的每一次点击都是对陌生事情的猜测,如果他的猜测与实际结果一致的话,网站将很容易被接纳;如果网站的逻辑结构误导了浏览者或他根本就不能理解网站的结构,他将会迷惑地离开站点。

在这一层当中,我们工作的主要目标是划分信息,建立层次结构。

对庞大的信息进行细分和合理的组织是设计网站的一个重要基本原则。比如在生活中,人们常使用姓名来组织电话簿,而不按电话号码的顺序来组织。建立一个网站前先花一些时间来设计一个好的合理的网站组织方式将会事半功倍。

划分信息的方法有两种:

① 自顶向下划分:按照从上到下、从粗到细的原则划分信息块来确定网站需要的分支。如图 2-15 所示的某银行网站结构图。

② 自底向上划分:这种方法与上一种正好相反,它是先将所有的信息都罗列出来然后逐步向上划分类别,形成网站的初步结构。如图 2-16 所示谷歌网站导航结构图。

(2) 网页关系。

网站的逻辑关系图只定义了网站整体的一个层次关系,真正的内容则体现在内容页面

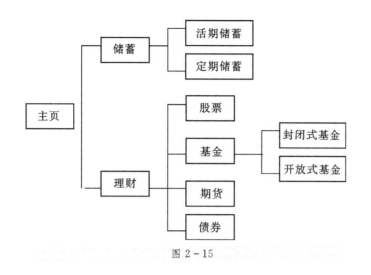

图 2-15

图 2-16

上。如果我们对自己站点中的一个内容页面如何联系到另一个内容页面都不清楚的话,浏览者会更不清楚。这将导致网站资源利用率低——浏览者只能发现网站20%的资源甚至更低。不但浏览者不会对这个网站满意,我们也会因为精心准备的内容不能全面展现产生失落感。

① 顺序关系:最简单的信息组织方法。通常利用"上一页"、"下一页"、"返回首页"进行导航。

线性结构是最为简单的一种链接结构。使用线性结构的网站,网页与网页间是逐层递进的关系,所有的网页均向一个方向链接。由于这种结构非常简单,常用于信息量小的站点,所以是个人主页和内容相对较少的小型网站的最爱,但当信息量较大时常会使网站变得更复杂而不易控制。如图2-17所示。

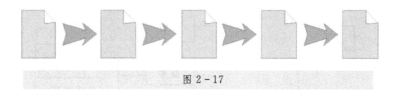

图2-17

② 矩阵关系:组织相关变量的一个好方法。但是除非浏览者对网站内容非常熟悉,否则比较难理解。通常利用"上一页"、"下一页"、"返回首页"、"上一层"、"下一层"进行导航。如图2-18所示。

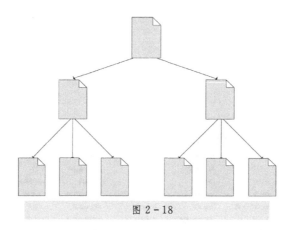

图2-18

③ 树形关系:组织复杂信息的最好方法之一。树状链接结构的第一层为首页,由首页分别引出几个二级页面,以此类推,每个页面都会引出更多的页面,页面的数量随之不断增多,这种结构也可以看作是一种金字塔结构,用这种关系组织的网页可看作整个网站层次的一个分支。大多数浏览者容易理解,但也正因为如此,当它的层次太多时,浏览者将容易迷失方向。如图2-19所示。

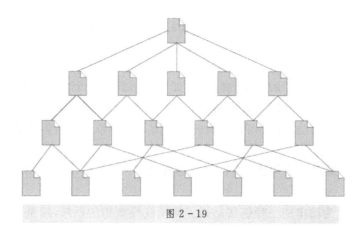

图2-19

④ 网状关系:最复杂的一种。在这种结构中要预测浏览者如何进行网页之间的跳转是十分困难的,实际上很少被使用。如图 2 - 20 所示。

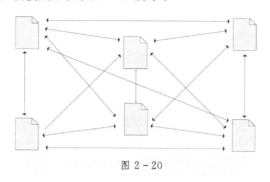

图 2 - 20

 实验项目

1. 网站的页面之间通常采用什么样的组织结构? 打开一些大型企业站点进行分析。
2. 以一个设计公司为题,对其进行网站设计策划,并写出网站策划方案书。

 实验要求

1. 了解网站设计的结构。
2. 熟悉网站设计的前期策划。

第二节　网页设计的创意

创意既是一个时髦的词汇,也是设计中一个永恒的准则。创意是网站吸引人的关键。这里说的创意是不仅指站点的整体创意,即因为某个创意而建立了这个站点,也包括网站设计形式以及与受众的互动方式等的创意。

那么可谓创意,创意又如何产生呢?

创意是引人入胜,精彩万分,出奇不意的;创意是捕捉出来的点子,是创作出来的奇招……。这些讲法都说出了创意的一些特点,实质上,创意是传达信息的一种特别方式。

比如 Webdesigner(网页设计师),我们将其中的 E 字母大写一下:wEbdEsignEr,马上就感觉与平时看到的不一样吧,这其实就是一种创意! 就是打破常规,突显新意。

创意是一个工作的工程,一个出色的创意并不是信手拈来的,那需要我们做很多的工作。对一个创意策划人员来讲,首先要有敏锐的头脑去捕捉稍纵即逝的灵感,其次就是用坚持不懈的工作来实现创意。

创意来自生活。一个好的创意百分之一来自灵感,百分之九十九来自不懈的努力。一个创造性的工作应是这样:当你准备开始工作的时候,随时记录下一闪而过的灵感火花,然后再修改、细化,形成完整的网站原型。

一、网页设计的创意过程

网站从立意到选材都至关重要,创意就是要基于相同的内容,展现出完全不同的视角,并由这个视角派生出整个网站。

创意并不是天才者的灵感,而是思考的结果。根据美国广告学教授詹姆斯·韦伯·杨对创意思考的五阶段划分研究,通常我们也可以此为基础把网站的创意分为以下五个阶段:

准备期——研究所搜集的资料,根据旧经验,启发新创意;

我们必须收集的资料有两种:特定的资料和一般的资料。特定的资料是指那些与网站有关的资料,以及那些你所拥有的设计资料。一般的资料就是一般的生活的知识,这是一个终生的工作。

孵化期——将资料咀嚼消化,使意识自由发展,任意结合;

这个阶段,是你对前两步所得到的结果进行消化的过程。在收集完资料后,你就可以开始测试,寻求那些知识之间的相互关系,使每一件事物都能像拼图玩具那样,即使它是不确定的或者是部分的不完整的创意,都把它们记下来以促进这个过程的进展,寻找到一个适合的组合。

启示期——意识发展并结合,产生创意;

经过了消化的步骤,伴随着任何能刺激你的想象力和情绪的事,创意很可能会突然出现。任其自然,它会在你最意想不到,而且根本没有期望它会出现时出现。

验证期——将产生的创意讨论修正;

在这一阶段,你一定要把你可爱的新生创意拿到现实世界中去,你会发现它可能并不像你初生它时那么奇妙,它还需要你做很多耐心的工作,以及不断地修正。好的创意好像具有自我扩大的本质,它会刺激那些看过它的人对它加以增补。

形成期——设计制作网页,将创意具体化。

这个阶段,你和你的工作团队需要紧密合作,利用一切的技术手段把创意转化成完美的、具体的网页设计效果,最终将创意的成果落实到实际网站的建设上,落实到网页浏览者欣赏的眼光中。

二、网页设计的创意方法

"创意"一词可谓是当前比较时髦的字眼。凡是能用的都会见到它的影子。网站创意就是一个网站在和其他相同类型的网站相比,有什么特别之处,有什么独特的东西或者模式可以吸引用户,让他们抛弃同行中的其他而选择你。创意在网站中的体现不一定是显性的,也可以是隐性的,可以是网站的定位和主题的创意,也可以是视觉风格表现上的创意,也可以是网站运营模式上的创意,还可以是给用户提供的服务上的创新……如果留意现有的网站会发现,网络上大多数的创意来自于网络技术与现实生活的结合,如博客、在线音乐、虚拟社区等形式,如图2-21,2-22,2-23,2-24所示。

在进行创意的过程中,需要设计人员新颖的思维方式。好的创意是在借鉴的基础上,利用已经获取的设计形式,来丰富自己的知识从而启发创造性的设计思路。下面总结几种网站创意思维的方法以供参考。

图 2 - 21

图 2 - 22

　　(1)基于形态元素——变更常规的一部分;点与线组合;面的形状变化;富有特定含义的形状等。如图 2 - 25,2 - 26,2 - 27,2 - 28。

　　(2)基于色彩——让颜色突破人们的印象,使它看起来年轻、浪漫或非常流行等。如图 2 - 29,2 - 30,2 - 31,2 - 32 所示。

图 2－23

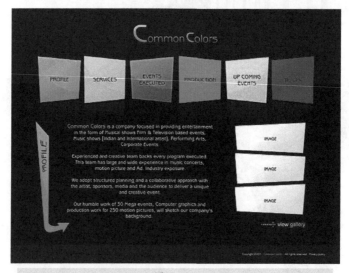

图 2－24

图 2－25

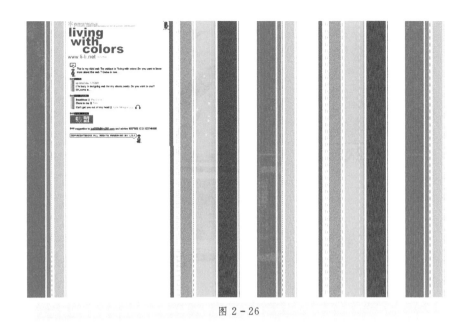

图 2 - 26

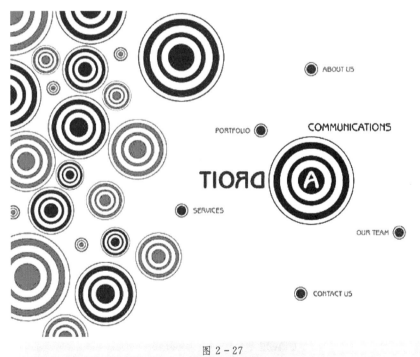

图 2 - 27

（3）基于场景或整体空间——营造一个虚拟场景，给浏览者以视觉上的空间感，多维以及拟人等不同的感觉。如图 2 - 33,2 - 34,2 - 35,2 - 36 所示。

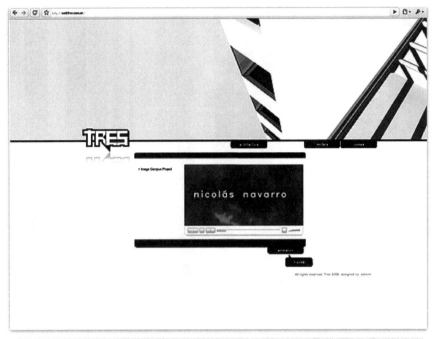

图 2 - 28

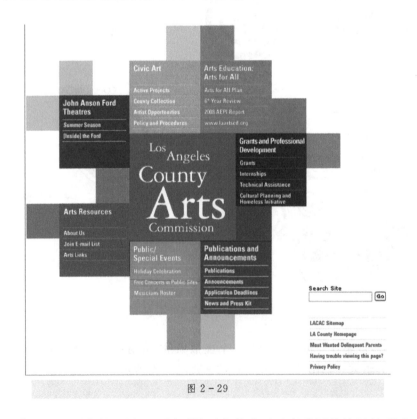

图 2 - 29

（4）基于传统造型元素的运用——网页界面中的造型元素采用传统民族形式,这类界面

图 2 - 30

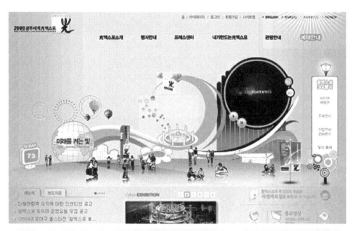

图 2 - 31

图 2 - 32

图 2 - 33

图 2 - 34

设计以传统风格和古旧形式来吸引浏览者。

传统型创意适合应用于以传统艺术和文化为主题的网站中。将传统的书法、绘画、建筑、音乐、戏曲等传统文化中独具的民族风格,融入到网页设计的创意中。韩国醉画仙电影宣传网站(如图 2 - 37,2 - 38)以受中国画影响的韩国传统的水墨画形式展现,充分的体现了该影片的性质,又表现了民族文化的特色。

(5)其他——给它起个朗朗上口的名字,举办竞赛、抽奖活动吸引眼球等。

图 2 - 35

图 2 - 36

　　面对既定的题材,不妨试着用上述方法来开拓思路,说不定困扰多时的问题会柳暗花明,找到答案。网站的类型对网站设计的风格影响很大。Web 设计没有严格的规则。如果想让自己的网站脱颖而出,在网站策划和创意上多下功夫是值得的。它们是开发网站的第一步,需要以开发和满足浏览者的浏览需求为最终目标。

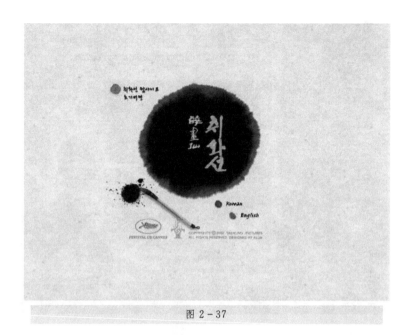

图 2-37

图 2-38

 实验项目

1. 请选定一个行业的网站进行网上调查,挑选出具有代表性的优秀网站,进行网站创意方法方面的专题性分析和总结。

2. 请自行选定一个中小型商业网站展开联想式创意训练,进行二次界面设计(设计一个主页面和至少两个分页面），并用电脑制作做出三组不同的静态创意效果图。

1. 要求至少调查 30 个网站，了解其行业的代表性网站的创意方法。
2. 学会运用相应的创意手段进行网站设计。

第三章

网页设计的色彩运用

WANGYESHEJIDESECAIYINGYONG

▷ **教学目的**

　　了解色彩对于网页设计的意义，掌握不同类型网站设计的配色方法。

▷ **教学内容**

　　（1）色彩基础

　　（2）基于 Web 页的色彩应用

　　色彩运用是网页设计工作中的重要方面，是确立网站风格的前提，它决定着网站给浏览者的第一印象。了解和掌握基于 Web 页的色彩应用知识是必要的，网页设计用色不同于其它平面媒体的设计，有其不同的基本原则和搭配方法。

第一节　色彩基础

　　色彩是自然的一种属性，人的视觉对色彩有特殊的敏感性，人们在观察物体时，视觉的第一印象就是色彩感觉，这决定了色彩在视觉艺术中的美学价值。在视觉艺术中，色彩常具有先声夺人的力量，所以在实用美术中常有"远看色彩近看花，先看颜色后看花，七分颜色三分花"的说法。色彩是网站设计工作中的重要方面，是确立网站风格的前提，它决定着网站给浏览者的第一印象。可以说，在网站视觉设计中，最抓人眼球的就是色彩。当我们距离显示屏较远的时候，我们看到的不是优美的版式或者是美丽的图片，而是网页的色彩。页面的整体色调有活泼或庄重、雅致或热烈等不同的趋向，在用色方面也有着繁简之分。不同类型的网站或同一网站的不同栏目，在色彩的运用方面都会有不同（见图 3 - 1，3 - 2，3 - 3，3 - 4）。

　　网页的色彩是树立网站形象的关键之一，对于网页设计，了解和掌握色彩知识是必要的。在谈到 Web 页面的运用之前，我们首先需要了解一些关于计算机对色彩表示的基础知识，它们是进行网页色彩搭配的基础。

一、色彩的基本原理

　　以下简单介绍色彩学的基本原理，并以此为基础指导后续的学习。

　　现代物理学证实，色彩是光波刺激眼睛，再传到大脑的视觉中枢而产生的一种感觉。这一过程涉及了生理学和从感觉到知觉过程的心理学知识。人类对色彩的认识应该包括自身的理性、鉴赏力以及许多无法表述的因素，自然界中的色彩已被科学地识别并显示出了 1 亿

图 3-1

图 3-2

多种。客观地讲,除了观念上的限制,每个人欣赏颜色的才能是与生俱来的。

不能用其他颜色混合而成的色彩叫原色。用原色却可以调配出其他色彩。电脑屏幕的色彩是由红、绿、蓝三种原色组成。

1. 色彩三要素

色相、饱和度和明度构成色彩的三要素。自然界中的颜色可分为非彩色和彩色两大类。非彩色指黑色、白色和各种深浅不一的灰色,其他所有颜色均属于彩色。

色相是色彩的相貌,也就是区分色彩种类的名称,如红、黄、蓝每个字都代表一个具体的色相。色相由波长决定,如天蓝、蓝色、靛蓝是同一色相,它们看上去有区别是因为明度和饱和度不同。

图 3 - 3

图 3 - 4

图 3 - 5

图 3 - 6

饱和度又叫纯度,是指色彩的纯净程度,也可以说是色相感觉鲜艳或灰暗程度。光谱中单色光都是纯度最高的光。任何一个色彩加入白、黑或灰都会降低它的纯度,含量越多纯度越低。

明度是指色彩的明暗程度,体现颜色的深浅。它是全部色彩都具有的属性,最适合表现物体的立体感和空间感。在其他颜色中加入白色,可提高混合色的明度;加入黑色则作用相反。

非彩色只有明度特征,没有色相和饱和度的区别。

2. 色彩的不同文化内涵

颜色具有强烈的民族文化特征,每个民族都有自己的颜色观。每种颜色在不同的国家都有不同的或者某些相似的文化内涵。由于不同国家人民在思维方式、语言习惯方面的差异,同一种颜色往往表达不同的文化心理,引起不同的联想,具有不同的文化内涵,具体表现在情感、政治、价值观念、风俗 习惯等方面的差异(如表3-1)。以"红色"为例。红色是中国文化中最崇尚的颜色,它体现了中国人在精神和物质上的追求。人们可以从红色联系到太阳和火的颜色,由于太阳可以给人们带来温暖和光明,因此人们自古以来就喜欢用红色来象征吉祥、喜庆、幸福、欢乐等含义,喜庆日子要挂大红灯笼,过春节要贴红对联、红福字等。

表 3-1

颜色	名称	代表文化
	黄色 ♯FFFF00	亚洲——神圣,帝王 西方——快乐,幸福
	橘色 ♯FF9900	美国——便宜的商品 爱尔兰——宗教(新教徒)
	紫色 ♯660066	西方——王位
	蓝色 ♯0033CC	中国——与永生联系在一起 中东——保护色
	绿色 ♯336633	印度——回教 爱尔兰——宗教(天主教)
	褐色 ♯660000	哥伦比亚——使出售泄气
	黑色 ♯000000	西方——哀悼,死亡
	白色 ♯FFFFFF	东方——哀悼,死亡 美国——纯净(婚礼上使用)
—	彩虹	美国——同性恋的标志

色彩代表的不同文化内涵对网页设计师来说是很重要的。他们在选择运用何种色彩时,须得同时考虑他们的产品是面向哪个国家,网页的浏览者是哪个社群,以免产生反效果。比如说,紫色在西方宗教世界中,是一种代表尊贵的颜色,天主教大主教身穿的教袍就采用了紫色;但在伊斯兰国家内,紫色却是一种禁忌的颜色,不能随便乱用。假如设计师不留意色彩的潜藏的文化内涵表达,只自顾自发挥,传达了错误的信息,这样的设计就会适得其反。

红色似乎是可口可乐永恒的标志,我们都知道可口可乐公司的品牌标准色是鲜艳的大红色,而且它在面向绝大多数国家和地区分站的站点就是用它们公司的标准色——大红色为基调来进行网页设计的,但也有例外,因为绿色在伊斯兰国家里是最受欢迎的颜色,也被看作是生命之色,所以可口可乐在沙特等伊斯兰国家的网站是以暗绿色为基调的,完全不见了可口可乐的惯用的大红标准色,这是其本地化市场策略的开发使然。

3. 色彩与心理

色彩牵涉的学问很多,包含了美学、光学、心理学和民俗学等等。每种色彩都会引起人们特定的心理感觉(如表 3 - 2)。我们常说的冷色和暖色就是心理感觉的体现。心理学家近年提出许多色彩与人类心理关系的理论。他们指出每一种色彩都具有象征意义,当视觉接触到某种颜色,大脑神经便会接收色彩发放的信号,即时产生联想,例如红色象征热情,于是看见红色便令人心情兴奋;蓝色象征理智,看见蓝色便使人冷静下来。经验丰富的设计师,往往能凭借色彩的运用,勾起一般人心理上的联想,从而达到设计的目的。

表 3 - 2

颜色	名称	代表心理
	红色 ♯CC0033	兴奋、热情、欲望、速度、强度、力量、爱、侵略、加热
	黄色 ♯FFFF00	享受、幸福、乐观、希望、阳光、黄金、夏天、哲学
	橘色 ♯FF9900	平衡、温暖、热情、颤动、注意要求
	紫色 ♯660066	王位、高贵、神秘、智慧、启发、残酷
	蓝色 ♯0033CC	和平、平静、稳定性、和谐、统一、信任、保守
	绿色 ♯336633	自然、健康、青春、活力、富饶、更新、慷慨、嫉妒
	褐色 ♯660000	土、家、炉床、可靠、安逸、耐力、稳定、简洁
	黑色 ♯000000	力量、正式、优雅、财富、谜、害怕、魔鬼
	灰色 ♯CCCCCC	安全、可靠、智力、固定、谦逊、尊严、成熟、保守、实际
	白色 ♯FFFFFF	尊敬、纯净、简洁、清洁、和平、谦卑、精密、出生、青春

但心理学家也留意到,一种颜色通常不只含有一个象征意义,正如上述的红色,既象征热情,却也象征了危险,所以以不同的人,对同一种颜色的密码,会做出截然不同的诠释。除此之外,个人的年龄、性别、职业和他所身处的社会文化及教育背景,都会使人对同一色彩产生不同联想。例如,中国人对红色和黄色 特别有好感,就多少和中华民族发源于黄土高原有点关系,因此在不同文化体系下,色彩会给设定为含有不同特定意思的语言,所表达的意义

可能完全不同。

此外,色彩的心理效应不是固定不变的。特定色彩在与其他不同色彩搭配时,往往会表现出不同的心理效应。比如,当我们把紫色放在蓝色和绿色中间时,紫色看起来是典型的暖色,而当我们把同样的紫色放在红色和橙色之间时,它看起来就是典型的冷色了。再比如,单独看起来明亮、纯净的黄色一旦被置于浅棕色的背景中,似乎一下子就变得模糊和晦涩了。色彩具有不可思议的神奇魔力,一个不同凡响的网页色彩搭配会给人的感觉带来巨大的视觉冲击力,形成对网站的第一印象,所以设计要善于利用色彩心理学来进行网站页面的设计。

二、色彩的计算机表示

我们知道,计算机采用的是二进制计数方式,只有 0 和 1,逢 2 进位。在对颜色的表示上,如果只采用 1 位二进制,那么可以表示 2 种颜色;如果采用 2 位二进制,那么可以表示 $2^2=4$ 种颜色;依此类推,8 位二进制可以表示 $2^8=256$ 种颜色。但是用二进制计数实在太麻烦了,因此计算机在提供给人们的应用接口上采用的是八进制和十六进制。在对颜色的表示上,通常采用十六进制。

1.　颜色十六进制数值

十六进制,逢 16 进位,有 0—9 和 A—F 共 16 个基本数。如果要用二进制中的 0 和 1 表示这 16 个基本数,至少要用 4 位二进制数,由 0000 表示 0,直至 1111 表示 F。

现在常用的真彩色显示模式是由 24 位二进制数组成。如果用十六进制来表示,只需用六位。如"FFFFFF"代表白色,"000000"代表黑色,"888888"代表中间的灰色,数值越大颜色越浅。由于所有颜色均由红、绿、蓝三种三原色搭配而来,所以六位数值中,前两位代表红,中间两位代表绿,后两位代表蓝。由此可知,"FF0000"代表正红,"00FF00"代表正绿,"0000FF"代表正蓝。所有的颜色都由这六位数字的不同组合而来,区别是前两位数值大代表红色在颜色中所占的比例大,中间两位大代表绿色的比例大,后两位大代表蓝色的比例大。

2.　RGB 值

RGB 所表示的红色绿色蓝色又称为三原色光,英文为 R(Red)、G(Green)、B(Blue),在电脑中,RGB 的所谓"多少"就是指亮度,并使用整数来表示。

通常情况下,RGB 各有 256 级亮度,用数字表示为从 0、1、2 至 255。虽然数字最高是 255,但 0 也是数值之一,因此共 256 级。按照计算,256 级的 RGB 色彩总共能组合出约 1678 万种色彩,即 $256\times256\times256=16777216$。通常也被简称为 1600 万色或千万色。也称为 24 位色(2 的 24 次方)。

RGB 模式是显示器的物理色彩模式。这就意味着无论在软件中使用何种色彩模式,只要是在显示器上显示的,图像最终就是以 RGB 方式出现。有一些图像处理软件向人们提供了十进制接口,对颜色来说,这就是 RGB 值表示。R 代表红色(red),G 代表绿色(green),B 代表蓝色(blue),它的值是三个十进制数,与十六进制值是一一对应的。如十六进制中的 F 对应十进制中的 15,FF 对应 255;白色的十六进制值为 FFFFFF,则它的 RGB 值为 R:255,

G:255,B:255(如图 3 - 7)。

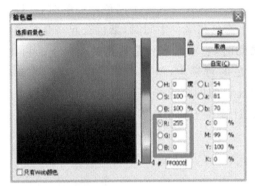

红色数值为 R255,G0,B0

绿色数值为 R0,G255,B0

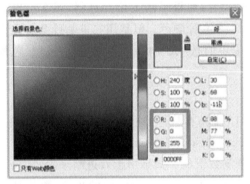 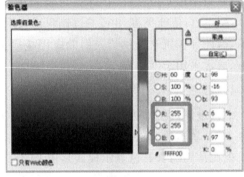

蓝色数值为 R0,G0,B255

黄色数值为 R255,G255,B0

图 3 - 7

三、浏览器的安全色彩

在 WEB 上有个普遍的问题,这就是网站上的颜色经常不能够准确地显示。原因涉及颜色的深度,颜色可能会超出显示器所能显示的范围。这时候就可能换用可显示的颜色,或者就直接忽略。即使访问者的系统可以显示颜色,由于技术上的原因,比如硬件老化导致 Gamma 控制偏差使得颜色失真。这类问题不仅会造成审美问题,还会影响到访问者的逗留。以目前的技术,显示器虽然可以呈现数以百万计的颜色,但我们还是应该使用浏览器安全色,这 216 种颜色(见图 3 - 8)可以在 Mac OS,UNIX 以及 Windows 上显示一致,而且可以确保那些 256 色的计算机也可以正常访问,而且使用安全色的图片可以大大减少文件所需要的空间大小,可以让网页加载速度更快。

在我们的网络中,有一个供程序员们使用数学立方体结构创建的浏览器调色板。这个调色板包含了在任何平台上任何分辨率显示的 21 种安全颜色的机制,它是网络颜色的标准。如果我们使用了这个调色板以外的颜色,当显示器设定到低分辨率时显示该种颜色就会发生抖动。

为避免发生抖动现象,在网页中应尽量使用安全色彩。我们通过一些简单的计算可以得到浏览器的安全色彩,只要简单地记住 RGB 颜色的值必须是 51 的倍数即可。如果用十六进制表示,只要包含 00,33,66,99,CC,FF 就是浏览器的安全颜色了。

图 3-8[1]

网页设计软件 Dreamwaver 中提供了浏览器安全颜色图表,我们可以很方便地在安全范围内选择颜色。

 实验项目

1. 分别打开 Photoshop 和 DreamWaver 软件,分析色彩面板的计算机表示方式和模式。

2. DreamWaver 软件设计制作几组不同的简单色彩搭配方案,分别在 IE 浏览器中进行

---

[1] 该图片引于于 http://www.visibone.com 网站

预览,比较其色彩显示。

1. 认识色彩的计算机表示。
2. 了解阅览器的安全色彩。

第二节　基于网页的色彩应用

设计精良的网站有其色调构成的总体倾向。以一种颜色或几种邻近颜色为主导,使全局呈现某种和谐、统一的色彩倾向,如同人的衣着一样,信息空间的构造也需要恰如其分的包装和表达。色彩均衡和谐,网站就看上去舒适,协调,因此色彩的整体搭配是相当重要的一个部分。比如一个网站不可能单一的运用一种颜色,所以色彩的均衡问题是设计者必须要考虑的问题。色彩的均衡,包括色彩的位置,每种色彩所占的比例,面积等等(如图3-9,3-10所示)。

图 3-9

图 3 - 10

一、网页面用色的基本原则

色彩既是一门科学也是一门设计技能,颜色可以表达设计师对对象的态度和情感。在这里,我们考虑的不是具体色彩的使用,而是网页面用色的两个基本原则。

1. 整体性

设计精良的网站有其色调构成的总体倾向。以一种颜色或几种邻近颜色为主导,使全局呈现某种和谐、统一的色彩倾向,如同人的衣着一样,信息空间的构造也需要恰如其分的包装和表达。色彩均衡和谐,网站就让人看上去舒适,协调,因此色彩的整体搭配是相当重要的一个部分。比如一个网站不可能单一的运用一种颜色,所以色彩的均衡问题是设计者必须要考虑的问题。色彩的均衡,包括色彩的位置,每种色彩所占的比例、面积、形状等等。总之,它的总体效果总是要与视觉心理相适应,能满足视觉的心理平衡(如图 3 - 11,3 - 12,3 - 13,3 - 14 所示)。

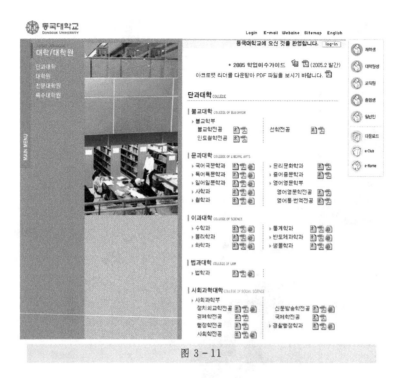

图 3 - 11

图 3 - 12

图 3-13

图 3-14

2．个性化——选择适当的颜色组合来满足不同题材的需要

人和人见面时，第一印象起到了非常重要的作用，网页也一样，色彩决定了访问者对网页的第一印象。不同行业、不同类型的网页有不同的风格，网页设计师要善于去捕捉不同网

站的个性,并通过色彩的组合运用来体现这种网站的个性所在,让网页浏览者在第一印象中
获得对网站性质和个性的相关认知(如图 3－15,3－16,3－17,3－18,3－19,3－20 所示)。

图 3－15

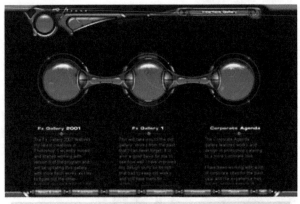

图 3－16

图 3－17

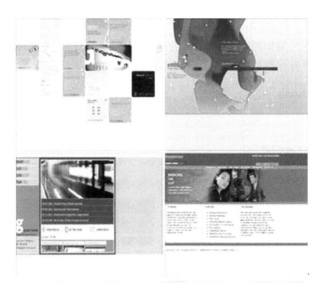

图 3 - 18

图 3 - 19

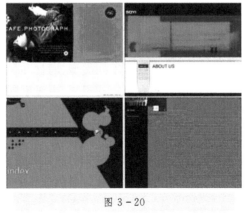

图 3 - 20

设计师应该根据不同类型的网站选择最合适的色彩组合,形式和内容相统一,符合人们日常固有的认知习惯。例如时尚类网站适合活泼轻快、时尚感的色彩搭配,食品类网站则可能要用到其固有色和黄红等暖色系的搭配等(如图3-21)。对网页色彩个性化特征了解和表现越充分,越可使网页色彩的独特性发挥魅力,网站就可以在众多的同类网站中脱颖而出。

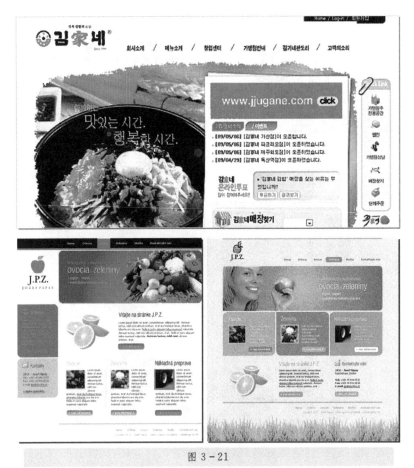

图 3-21

二、网页色彩的选择

网页色彩的选择是从属于网站的性质的,不同类型、题材和风格的网站会有所不同。对于网页设计人员来说,应该先对网站色彩有整体的规划,再对不同栏目和页面具体使用中的色彩进行选择。

1.网站色彩范围的选择

在前面章节我们讲过网页设计的流程,网页色彩的选择和设计网站结构一样,在考虑有关具体工作之前,需要考虑一些因素来帮助我们确定可供选择的色彩的范围。

· 文化因素
· 流行趋势

• 浏览人群

• 受众偏好

2. 主色、辅色和背景色的选择

（1）主色。

主色是指页面中面积相对较大使用的色彩,反映整个网页的风格(见图3-22)。比如影视题材的站点适用任何色彩,用黑色或其他较深的色彩比较好,因为电影是在黑暗的环境下观看,网页上使用深色符合人们的习惯;有关时尚的题材可以采用粉红、紫红等颜色,因为粉红色代表女性和时尚。

图 3-22

需要注意的是,应尽可能在浏览器的安全颜色范围内选择主色。

（2）辅色。

辅色是指页面中相对较小面积使用的色彩。它是主色的衬托,使用恰当能起到画龙点睛的作用。通常应用于图标、文字、表格、线条、输入框及超链接。

（3）背景色。

背景色是主页的底色,有时和主色是同一色彩。底色深,文字的颜色就要浅,以深色的背景衬托浅色的内容(文字、图片);反之,底色浅,文字的颜色就要深,以浅色的背景衬托深色的内容(文字、图片)。

三、页面色彩的搭配

网页配色很重要,网页颜色搭配是否合理会直接影响到访问者的情绪。好的色彩搭配会给访问者带来很强的视觉冲击力,不恰当的色彩搭配则会让访问者浮躁不安。

日常生活中人们对色彩搭配都有一些基本概念,如红配绿、蓝配白等。但是要在成千上万种颜色中挑选几种来搭配一个协调而互补的网页色彩方案,并非人人都可以轻易做到。

1. 非彩色的搭配

黑白是最基本和最简单的搭配,白字黑底,黑底白字都非常清晰明了(如图 3 - 23)。灰色是万能色,可以和任何彩色搭配,也可以帮助两种对立的色彩和谐过渡。如果你实在找不出合适的色彩,那么用灰色试试,效果不会太差(如图 3 - 24)。

图 3 - 23

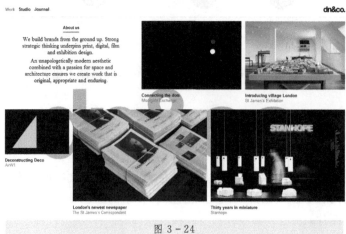

图 3 - 24

2. 彩色的搭配

　　色彩千变万化,彩色的搭配是我们研究的重点。从色彩的性质和分类上来说,网页设计的色彩搭配包括同类色彩搭配、邻近色彩搭配、对比色彩搭配、暖色色彩搭配、冷色色彩搭配、有主色的混合色彩搭配等等。怎么样根据网站主题和内容进行网页的色彩运用,是值得我们研究的问题。这里提供给大家一些可行的网页色彩搭配方案。

　　(1)用一种色彩为主色。这里是指先选定一种色彩,然后调整透明度或者饱和度,也就是在主色的基础上把色彩变淡或则加深,产生明度或纯度有所区别的新的类似色,用一个色系运用于网页,例如淡蓝,淡黄,淡绿;或者土黄,土灰,土蓝等。这样的页面看起来色彩统一,有层次感(如图 3 - 25,3 - 26,3 - 27)。

图 3 - 25

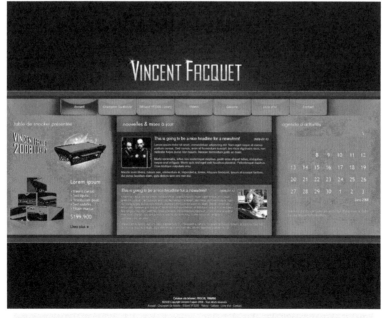

图 3 - 26

图 3 - 27

(2)用两种色彩。先选定一种色彩,然后反向选择它的对比类的颜色。要注意两种色彩在面积、纯度和明度上的区别和搭配,这样可使得整个页面色彩丰富但不杂乱(如图 3 - 28,3 - 29,3 - 30)。

图 3 - 28

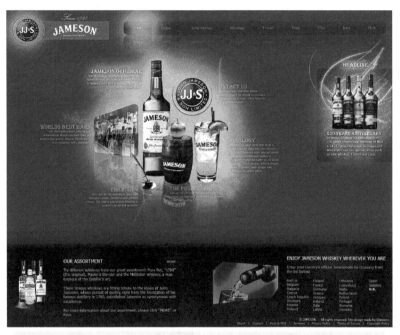

图 3 - 29

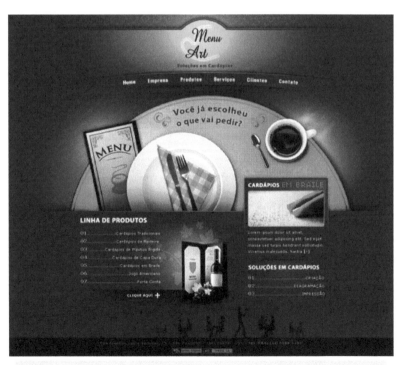

图 3 - 30

（3）用邻近色系。所谓邻近色，就是在色带上相邻近的颜色，例如绿色和蓝色，红色和黄色就互为邻近色。同类色系的色彩可以尽情发挥设计师的想象空间，采用邻近色设计网页可以使网页避免色彩杂乱,易于达到页面的和谐统一(如图 3 - 31,3 - 32)。

图 3 - 31

图 3 - 32

(4)用灰色(或黑色、白色)和一种彩色组合(如图 3-33,3-34,3-35)。中性色黑白灰和彩色组合搭配,可以既产生页面的强烈对比,又可以在对比中求得色彩的调和,是达到人们视觉统一和心理平衡的重要手段。在网页配色中,应该避免的情况是:①不要将所有颜色都用到,尽量控制主要的颜色在三种色彩以内;②背景和前文的对比尽量要大,以便突出主要文字内容(如图 3-36)。

图 3-33

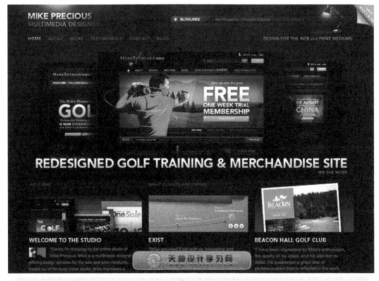

图 3-34

图 3 - 35

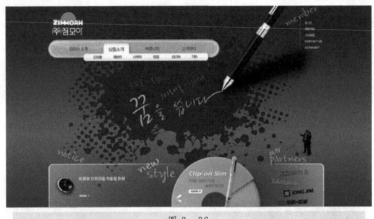

图 3 - 36

四、网页配色工具的利用

网页设计师应善于利用软件工具帮助自己选择色彩和色彩组合。比如在设计网站草图的阶段,就可利用绘图软件拼凑出基本的网页布局,然后不断改变每个矩形的填充色,以寻找最佳的配色方案。

另外,有一些在线配色网站,比如配色网站 Kuler(如图 3 - 37)是一个为网页设计师提供专业级网站色彩搭配方案的网站,可以作为设计参考。也有一些非常专业的配色软件可以帮我们解决很多问题,比如 ColorImpact 软件(如图 3 - 38)可以让我们在 RGB 色环或美术色环中自由选取特定的色彩,可以根据我们选择的主色调和配色思路(比如以补色为主或以近似色为主)自动给出示例网页的显示效果,还可以让我们在屏幕范围内自由点选颜色并完成 RGB、HSB 等色彩模型间的转换。另一种名为 ColorWheel Pro(如图 3 - 39)的小软件在网页配色模拟方面的功能比 ColorImpact 还要强大一些。

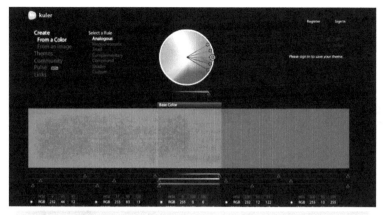

图 3 - 37

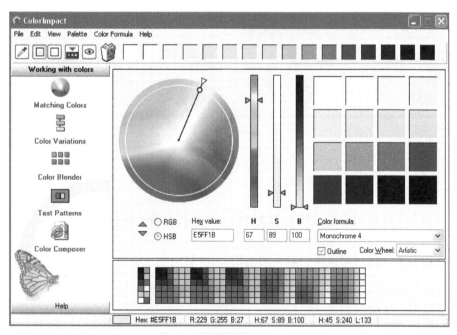

图 3 - 38

 实验项目

1. 学生分组选定一个行业的网站进行网上调查,挑选出具有代表性的优秀网站,进行网站色彩搭配与运用方面的专题性分析。

2. 学生自选题进行一个中小型商业网站进行配色设计,用电脑做出三套配色方案图。

3. 在线访问 kuler 网站进行配色练习或者上网下载 ColorWheel Pro 和 ColorImpact 软件进行试用,进行色彩搭配练习。

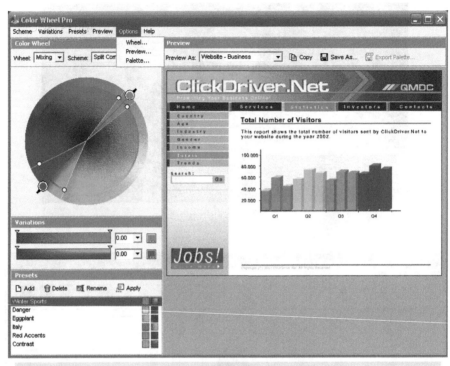

图 3 - 39

实验要求

1. 要求至少调查相同行业的 30 个网站,了解其行业网站在色彩运用方面的特点。
2. 学会运用合适的色彩搭配方案进行网站设计。
3. 了解专业配色网站或配色软件的功能和作用。

网页设计的版式运用

▶ **教学目的**

了解版式对于网页设计的意义，掌握不同类型网站设计的排版布局方法。

▶ **教学内容**

（1）网页版式的构成原理

（2）网页版式设计原理的综合运用

版式设计是网站页面设计的核心问题之一。网页版式设计就是在有限的屏幕空间上将视听多媒体元素进行有机的排列组合，通过调配文字、图片、表格、动态和交互等诸多元素，使之成为一种和用户良性沟通的界面，并将网站内容和个性以最佳的方式呈现给受众。

美的形式原理存在于各种应用设计形式中，网页版式设计应该遵循美的设计原理和合理视觉流程，了解用户的在阅览网页时的视觉习惯。网站的内容和形式应该通过网页的排版布局达到一种协调和网站秩序感，同时也要注重网站用户的易用性因素。

第一节　网页版式的构成原理

一、网页版式的页面元素

网页版式是指网页的版面布局，在网站页面设计中占据着重要的地位。网页版式设计就是将页面中各种不同的元素进行有机的组合，通过调配图片、表格、照片及版面等诸多元素，使之成为一种沟通的语言。排版设计最重要的原则是，设计者要把网页内容、性质以及潜在的内涵清晰地传达给阅览者，以使访问者能很快和方便的从版面中找到自己所需要的信息（如图 4-1，4-2，4-3，4-4）。

网站实质上也是一种多媒体的展示形式，一般网站可能包括有以下几种页面元素：文字和旁白、图案和插画、静态的照片、图表和图形、视频和动画、音乐和音效等。

版式设计就是要将上述构成要素有机地组合，表达出美与和谐。网页设计是以网络媒体为载体的一种平面设计，也要讲究编排和布局，应当好好学习和研究艺术设计中的版式运用原理和手法，并充分加以借鉴和利用。

一般来讲，网页设计类软件的发展趋势是给设计师提供更大发挥空间和对页面元素的更强劲的控制能力，页面的美观与否，依赖于技术而并非决定于技术，学习和掌握一定的艺术原理并应用于实践，是设计人员成功的必经之路。

图 4 - 1

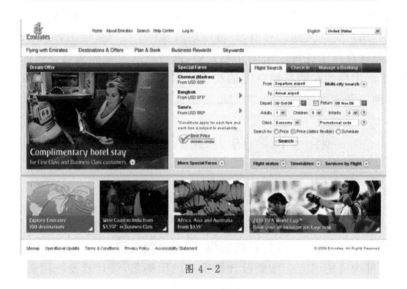

图 4 - 2

二、网页版式构成原理

人对于美的认识既是主观也是客观的。每个人都可以判断美与丑,和谐与冲突的差异,这种能力有别于知识性的思考,可称为"形象思维"。专业人士和成功的设计者,就是利用"形象思维"来思索点、线、面的构成,设计出能唤起浏览者美感经验的作品。

美的规律是通用的,基本原理一样适用于各种形式的设计艺术。根据网页设计实践中遇到的各种情况,我们可以结合七个通用的美学原理进行详细讲述,它们分别是渐变、对称、对比、比例、平衡、调和和律动。

图 4 - 3

图 4 - 4

1. 渐变

"渐变"就是逐渐的改变,并在渐变的过程中有一定的秩序与规律。

任何构成元素的渐变,都有其开始与终结,或由一方开始,经渐变又恢复原来的循环现象。例如形象渐变,可从某一形状开始,逐渐变化成为另一形状,或由另一形状又逐步恢复到某一形状。无论是开始或终结,在渐变的设计中均可成为设计上的焦点,且在开始与终结的整个重复过程中,均会造成节奏感。

渐变形成的方式可由上而下、由左而右、或由中央发射、或作多元化的发展。渐变的表现形式主要包括:自然形象渐变、形状渐变、大小渐变、位置渐变、方向渐变和色彩渐变等。

设计应用:"渐变"的各种形式可单独或混合运用在页面设计中,灵活运用渐变可以拓深页面的层次,获得舒适的观感(如图 4 - 5,4 - 6,4 - 7,4 - 8)。

图 4 - 5

图 4 - 6

2. 对称

视觉上,以一个点或一条线为基准,上下或左右看起来相等的形体,称为"对称"。"对称"具有相称、均齐、均整的意思。左右对称的形体向来都被认为是具有安定机能的。

"对称"的表现形式包括:线对称、点对称、感觉对称。

图 4 - 7

图 4 - 8

通常对称的图形具有单纯简洁的美感以及静态的安定感,但容易流于单调和呆板。一般来说,单纯的对称图形具有大方、强力的性格;细密的对称图形则能增加作品的充实感,许多商品设计都基于这个特性而设计。

在我们日常生活中,常见的对称事物确实不少,例如:人的四肢及五官的位置,树叶的形状和北京故宫的建筑风格等。

设计应用:对称会显出高格调、风格化的意象。应用对称的原理即可发展出漩涡形等等复杂的状态。基于网站的页面设计特点,在网站页面上完全应用对称很难做到,但在局部巧妙应用对称的排列方式,也能取得不错的效果(如图4-9,4-10)。

图4-9

图4-10

3. 对比

将相对的要素放置在一起,相互比较,从而形成两种抗拒的紧张状态,称为"对比"。造成相对排斥性质的要素,即称为"对比要素"。"对比要素"包含的范围非常广泛,涵盖了造型、色彩、质感、方向、面积等页面构成的主要因素。圆形、三角形、方形是属于造型的对比,但红砖、金砖两者具有相同的造型也具有对比的性质。对比现象的强弱与否,依赖对比要素的配置关系。一般而言,不同的要素结合在一起,彼此刺激,会产生对比的现象,这使得强者更强、弱者更弱;大者更大、小者更小。所以通过对比的关系就可以增强表现个别要素所具有的特性,形同而其质明显不同。"对比"的表现形式包括:线形的对比、形状的对比、份量的对比、明度的对比、彩度的对比、色相的对比、质地的对比、动态的对比和位置的对比等。

设计应用:同一格调的版面中,在不影响格调的条件下,加以适当的变化,就会产生强调的效果。强调可以打破版面的单调感,使版面变得有朝气、生动而富于变化(如图 4 - 11,4 - 12)。

图 4 - 11

图 4 - 12

4. 比例

在造型上所谓的"比例"是指长度或面积这类可以度量的数据之间的一种比率,它描述的是部分或部分与总体之间的关系。

在人类的历史中,"比例"一直被运用在建筑、家具、工艺品以及绘画上。尤其是在希腊、罗马的建筑中"比例"被视为美的象征。古代的学者将几个理想的比例公式化,进而演化成为设计的重要基本原理,以便求得统一而又富于变化的艺术效果。

其中最重要的比例就是"黄金比例"。古希腊人把"黄金比例"认为是最完美的比例而广泛应用于造型中。

它的基本方法是把一条线分割成大小两段,小线段与大线段之长度比等于大线段与线段总长之比,其数值通常近似认为是 0.618。这种比例分割方法就是"黄金比例"。在设计建筑物的长度、宽度、高度和柱子的形式、位置时,如果参照"黄金比例"来处理,就能产生希腊特有的建筑风格,也能产生稳重和适度紧张的视觉效果。

设计应用:长度比、宽度比、面积比等比例,能与其他造型要素产生同样的功能,表现极佳的意象,因此,使用适当的比例是很重要的(如图 4-13,4-14)。

图 4-13

图 4 - 14

5. 平衡

"平衡"是指几个力量相互保持的意思,也就是说是把两种以上的构成要素,互相均匀地配置在一个基础的支点上,以保持力学上的平衡而达到安定的状态。

当人走路踢到大石头时,身体会因失去平衡而跌倒,此时很自然地会迅速伸出一只手或脚,以便维持身体平衡。根据这种自然原理,如果我们改变一件好作品的某部分的位置,再与原作品比较分析,就能很容易理解平衡感的构成原理。

在造型的秩序中,"平衡"是极重要的一项。由于平面造型的作品并不是真正讲究实际的重量关系,所以"平衡"一词在平面造型的世界中,应当是属于视觉的平衡。这和力学的平衡、数学的平衡以及其他学科中所讲的"平均"是不一样的。

对"平衡"来说,有对称和非对称平衡之分。在"平衡"应用练习中,着眼点在于如何求得视觉上的安定与心理上的平衡。例如形态、色彩在画面中所具有的重量、大小、明暗、强弱等特征,都必须保持平衡状态,才会令人产生安定的感觉。

设计应用:平衡的应用在生活中随处可见,它也会自然而然地流露到艺术设计中去(如图 4 - 15,4 - 16)。

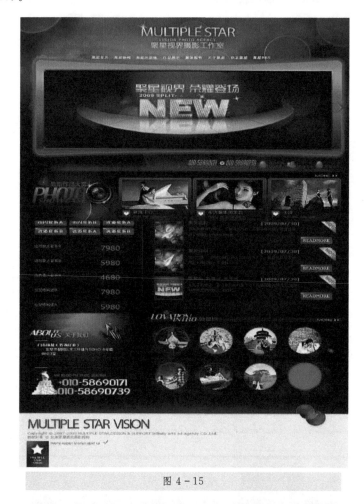

图 4 - 15

图 4 - 16

6．调和

当两种构成要素共同存在时，若特征差距过大，即造成"对比"。若两种构成要素相近，则对比刺激变小，可能产生共同秩序使两者达到调和的状态。如黑与白是一种强烈对比的颜色，而存于其中的灰色便是两者的"调和"。

"调和"在视觉上可使我们产生美感。因此，调和的原则一直是人们关心的课题。为了达到"调和"，各要素间的统一仍是必要的，例如色相的配合、色调的配合以及明度的配合，都能产生"调和"。在造型上如线的粗细与形状的大小均会影响调和。

设计应用：如果过分强调对比关系，空间预留太多或造型元素过多时，容易使画面产生混乱。要调和这种现象，最好加上一些在现有元素间可以沟通的元素，使画面具有整体统一与调和的感觉。

反复使用形状相同的元素，可以使版面产生调和感。若把形状相同的元素配置在一起，便能产生连续的感觉。两者相互配合运用，能创造出统一与调和的效果，网页中的调和其实和协调是息息相关的，一个页面中的众多组成部分有时会表达很多种品质（如图 4 - 17，4 - 18）。

图 4 - 17

7．律动

凡是规则的或不规则的反复排列，或属于周期性、渐变性的现象，均是"律动"。它具有抑扬顿挫而又有统一感的运动现象。

一般来说，律动和时间的关系密切，因为它是具有时间性的艺术。如今网站设计上越来

图 4-18

越多地应用了 Flash 动画技术,我们可以留心优秀作品在"律动"方面的巧妙构思,音乐是具有律动性的艺术,当动画与音乐结合起来是,就会散发出醉人的魅力。

设计应用:韵律感是动画创作的起点,具有类似印象的形状反复排列时,就会产生韵律感。不一定要用同一形状的东西,只要具有强烈印象就可以了。三次四次的出现就能产生轻松的韵律感;有时候,只反复使用两次具有相同特征的形状,就会产生韵律感(如图 4-19,4-20)。

图 4-19

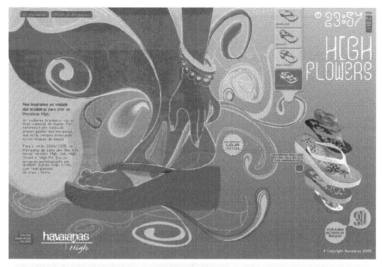

图 4-20

三、网页版式的基本类型

网页版式的基本类型从构图上主要可分为骨骼型、满版型、分割型、中轴型、曲线型、倾斜型、对称型、焦点型、自由型等类型。

1. 骨骼型

网页版式的骨骼型是一种规范的、理性的分割方法，类似于报刊的版式。常见的骨骼有竖向通栏、双栏、三栏、四栏和横向的通栏、双栏、三栏和四栏等。一般以竖向分栏为多。这种版式给人以和谐、理性的美。几种分栏方式结合使用，既理性、条理，又活泼而富有弹性。

图 4-21

图 4 - 22

图 4 - 23

图 4 - 24

2. 满版型

页面以图像充满整版。主要以图像为诉求点,也可将部分文字压置于图像之上。视觉传达效果直观而强烈。满版型给人以舒展、大方的感觉。随着宽带的普及,这种版式在网页设计中的运用越来越多。

图 4 - 25

图 4 - 26

3. 分割型

把整个页面分成上下或左右两部分,分别安排图片和文案。两个部分形成对比:有图片的部分感性而具活力,文案部分则理性而平静(如图 4 - 27,4 - 28)。可以调整图片和文案所占的面积,来调节对比的强弱。例如:如果图片所占比例过大,文案使用的字体过于纤细,字距、行距、段落的安排又很疏落,则造成视觉心理的不平衡,显得生硬。倘若通过文字或图片将分割线虚化处理,就会产生自然和谐的效果(如图 4 - 28)。

图 4 - 27

图 4 - 28

图 4 - 29

4. 中轴型

沿浏览器窗口的中轴将图片或文字作水平或垂直方向的排列。水平排列的页面给人稳定、平静、含蓄的感觉(如图 4-30)。垂直排列的页面给人以舒畅的感觉(如图 4-31)。

图 4-30

图 4-31

5. 曲线型

图片、文字在页面上作曲线的分割或编排构成,产生韵律与节奏(如图 4-32,4-33,4-34)。

图 4 - 32

图 4 - 33

图 4 - 34

6. 倾斜型

页面主题形象或多幅图片、文字作倾斜编排,形成不稳定感或强烈的动感,引人注目(如图 4 - 35,4 - 36,4 - 37)。

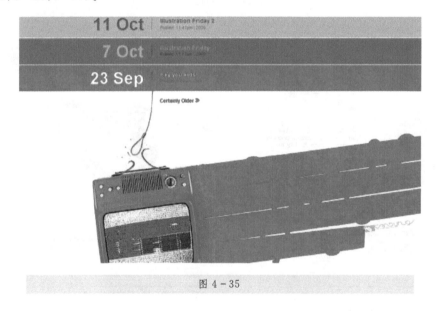

图 4 - 35

7. 对称型

对称的页面给人稳定、严谨、庄重、理性的感受。对称分为绝对对称和相对对称。一般采用相对对称的手法,以避免呆板。左右对称的页面版式比较常见(如图 4 - 38,4 - 39,4 - 40)。

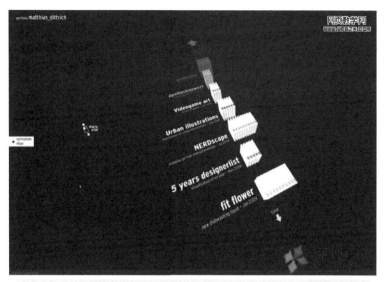

图 4 – 36

图 4 – 37

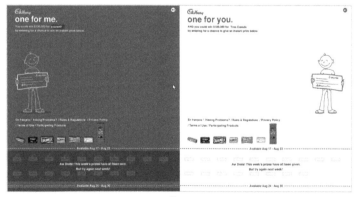

图4-34

图 4 – 38

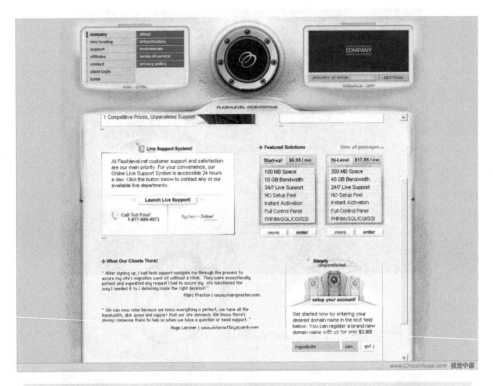

图 4 - 39

图 4 - 40

四角型也是对称型的一种,是在页面四角安排相应的视觉元素。四个角是页面的边界点,重要性不可低估。在四个角安排的任何内容都能产生安定感。控制好页面的四个角,也就控制了页面的空间。越是凌乱的页面,越要注意对四个角的控制(如图 4-41,4-42)。

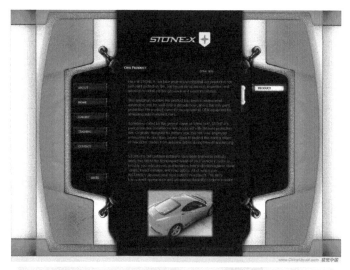

图 4-41

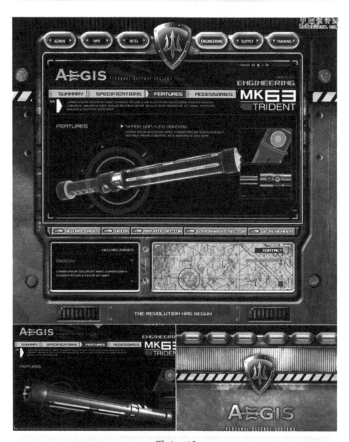

图 4-42

8. 焦点型

焦点型的网页版式通过对视线的诱导,使页面具有强烈的视觉效果。焦点型分三种情况。

（1）中心 以对比强烈的图片或文字置于页面的视觉中心（如图 4-43,4-44）。

图 4-43

图 4-44

（2）向心 视觉元素引导浏览者视线向页面中心聚拢,就形成了一个向心的版式。向心版式是集中的、稳定的,是一种传统的手法（如图 4-45,4-46）。

（3）离心 视觉元素引导浏览者视线向外辐射,则形成一个离心的网页版式。离心版式是外向的、活泼的,更具现代感,运用时应注意避免凌乱（如图 4-47）。

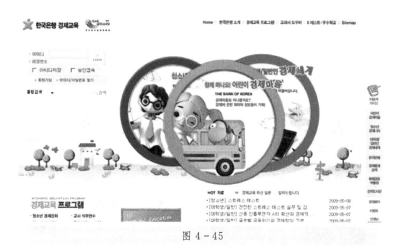

图 4 - 45

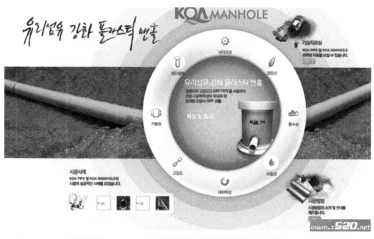

图 4 - 46

图 4 - 47

9. 自由型

自由型的页面具有活泼、轻快的风格(如图4-48,4-49)。

图4-48

图4-49

 实验项目

1. 学生自主选择十个不同类型的网站,结合课堂提到的七个美学原理进行页面的版式分析。

2. 针对上题选择的十个不同类型的网站,比较其网页版式的页面元素在各自页面中所占的比例和其对网页版式中的影响。

 实验要求

1. 了解版式构成原理。

2. 了解页面元素与网页版式设计的关系。

第二节　网页版式设计原理综合应用

一、网页版式设计的内容与形式

1.首页、页面和网站概念

由于互联网具备同时传送文字、动画、图形、声音等多媒体的能力,使之成为内容和形式最为丰富的媒体。很多公司企业的网站都会提供一个"首页(Home page)"(如图4-50)。读者根据首页的指引可以进入其他的"页面(Page)"(如图4-51),了解更多相关的信息。

通常"首页"包含了公司的商标、经营理念和公司的背景信息、产品信息以及新闻等。

从背景信息可以看到公司图片及公司发展的简历。产品信息则有很多种项目,包括完整的产品目录、服务范围、技术规格等。

对一个在互联网上提供信息的公司或企业来说,包括首页及其他页面,总称为"网站(Web site)"。

图4-50

2.网页形式与内容的统一

编排的形式与内容的统一,就是在进行页面编排时,形式语言必须符合页面的内容,能够体现内容的丰富含义。

形式多变的版式具有丰富的表现力,将一个无生命的网页变成充满活力的生命体。基于内容之上运用不同的版式,能够形成不同的趣味和造型效果,有利于创造风格新颖独特的页面,在设计实战中需要注意单纯与秩序、对比与调和、对称与平衡、节奏与韵律以及留白等问题(如图4-52,4-53)。

排列的方式取决于主页内容,一个严肃的主题,需要我们规规矩矩的制作排列,显得庄

图 4 - 51

重大方，而一些活泼的主题，则可大胆排列、生动鲜明。不论采用哪种形式的法则，都必须与内容达成一致。形式与内容不一致，好比两种不同的论调各抒己见产生强烈的斥力，这种现象会使页面陷入杂乱，失去均衡的整体美感。

图 4 - 52

图 4-53

二、网站结构和导航的规划

对于一个网站,大部分浏览者有三个问题:我在哪儿？这里有什么东西是我所需要的？我怎样才能找到它们？也就是说,一个设计优秀的网站首先应该对这三个问题做出令浏览者满意的答复。读者如果花费很多精力在你设计好的网站里寻找,那可不是一件好事,除非你的站点是关于古典迷宫游戏的内容。

通常内容和结构比较复杂的站点都会提供一个 Site Map(站点地图),或是在导航栏设置浏览者的位置信息,或是提供 Help(帮助)页面,帮助用户尽快找到信息。

1.信息层级的规划

网站信息层级的规划也就是网站信息"深"、"浅"的位置安排。当组织一个网站的信息时,可以在第一层次的导航结构中设置比较多的选项,以便用户不必过于深入;另一种方式是一开始就将网站划分为几个"子站点",并将相关条目放到子站点之下。这两种模式可以根据网站的信息门类和信息总量来选择,正确的做法是应该保证浏览者通过不超过三次点击就可以到达站点任何感兴趣的地方。

2.设计最佳路径

设计者和策划者通过整理和组织站点内容,可以创建一个导航系统,以便浏览者可以按照该站点所提供的最直接、最符合逻辑的信息浏览方式漫游网站。设计者应该注意让浏览者了解这个最佳路径而不是让浏览者去摸索。即无论在格式还是在功能上面,都应保持页面布局与导航特性的连贯一致。另外,一个网站的内容组织、版式布局、色彩、速度也能影响浏览者的访问路线。

不管网站结构图(Site Map)的表现形式如何,站点结构图的最基本要求是具有描述性,能展示站点内部各个元素之间的关系,有一点还要注意,这个结构图必须是有效的——浏览者可以通过结构图中的可见元素浏览到相关页面。

3. 应用性和可用性方面的注意事项

如果希望站点具有更生动、更方便的界面结构,设计者还需要考虑以下几点:

(1) 网站中可以单击、拖动或编辑的对象,注意用一致的方式指明。

(2) 特定的按钮或超链接导航栏应该保持相同的形状、功能和位置。它们不应该意外地消失,或者突然做预想不到的其他事情。

(3) 如果浏览者进行的操作要耗费一定的时间,请用表示"系统忙,需等待"或其他图标表示。

(4) 浏览者对某样东西进行处理时,注意提供视觉和听觉上的回应。

(5) 允许浏览者犯错误和取消操作,设计不应过于刻板。

三、网页内容的组织原则

1. 建立秩序

首先需要将页面涵盖的内容依整体布局的需要进行分组归纳,进行具有一定内在联系的组织排列,反复推敲标题文字措词、图形与整体版面的关系,找到适合它们的位置(或主或从),创造秩序使版面的各构成元素成为丰富多彩而又简洁明确的统一整体(如图 4-54)。

图 4-54

另一方面,创建秩序也要求版面分布具有条理性。页面排版要求符合浏览者的阅读习惯,心理秩序和思维发展的逻辑认知顺序。例如一般在页面的上面或左面安排导航或目录,就是为了符合人们平时阅读养成的习惯(如图 4-55)。

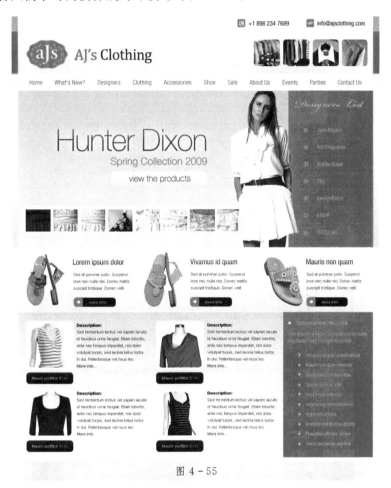

图 4-55

2. 中心突出

当许多构成元素位于同一个页面上时,必须考虑浏览者的视觉中心,这个中心一般在屏幕的中央,或者在中间偏上的部位。因此,一些重要的文章和图片一般可以安排在这个部位,在视觉中心以外的地方就可以安排那些稍微次要的内容,这样在页面上就突出了重点,做到了主次有别(如图 4-56,5-57)。

也可以在页面的最顶部放置一个导航栏,在其中设置针对站点内主要栏目的链接(如图 4-58);另外,还可以用不同的字体或者文本风格设置总结或摘要句,进行编排处理(如图 4-59)。

我们可以将这种处理想象成为忙碌的人们提供总结信息,他们并不关心所有细节或者支持信息,而在意的是主要的重点是什么。

图 4 - 56

图 4 - 57

图 4 - 58

图 4 - 59

3. 相互呼应

较长的文章或标题,不要编排在一起,要注意安排一定的距离(如图 4 - 60)。对待图片的安排也是这样,要互相错开,大小之间要有一定的间隔,这样可以使页面错落有致,避免重心偏离形成的不稳定状态(如图 4 - 61)。

图 4 - 60

图 4 - 61

4.清晰易读

在页面布置时也会有内容摆布的混乱出现,内容过分庞杂会产生反作用,削弱了整体的可读性,无法让读者抓住核心;没有考虑不同内容的空间框架、编排秩序以及在页面中所处的权重,就没有流畅的视觉流程。

组织页面内容要努力做到整体布局合理化、有序化、整体化。我们能用的屏幕空间是相当有限的,因此要保证它的简洁,每个 web 都应当表达一个主题。信息量较大的站点,页面的编排设计要求反映出页面之间的有机联系,最主要的问题是页面之间和页面内部的秩序与内容的关系清晰(比如说明文字的处理、字体、字号大小、横竖位置、字距行距、段间段首的留空都要做到易认易读),将复杂的内容根据整体布局的需要进行分组归纳,为浏览者提供一个流畅的视觉体验(如图 4-62,4-63)。

图 4-62

5．线性形态与网页版面控制

线是点移动的轨迹,在移动中因方向、长短、宽窄的不同而形成不同感觉的线。一般的页面编排形式,都默认为矩形版式,其他形式都属于在此基础之上的变形。矩形版式四角皆成直角,给人很有规律、表情少的感觉,而其他的变形则呈现出丰富的情感体验。譬如锐角的三角形有锐利、鲜明感;近于圆形的形状有温和、柔弱之感。

曲线作为面的边界,显示了其独特的调节页面氛围的能力。相同的曲线,也有不同的表情,用工具规规矩矩画出来的圆有硬质感,徒手画出来的圆就有柔和的圆形曲线之美,借助

图 4 - 63

于线的不同形态来进行构图分割可以创造出丰富多彩的网站视觉形象(如图 4 - 64,4 - 65,4 - 66,4 - 67)。

图 4 - 64

广义曲线包含着水平线、垂直线,这些线条具有独特视觉意象。

黄昏时,水平线和夕阳融合在一起;黎明时,灿烂的朝阳由水平线上升起。水平线给人稳定和平静的感受,孕育着无限的生命。而垂直线具有很强烈的动感,刚好和水平线相反,

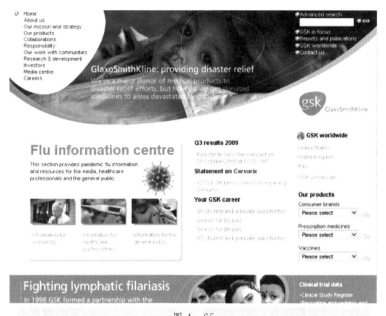

图 4 - 65

图 4 - 66

垂直线表示向上伸展的活动力,具有坚硬和理智的意象,使版面显得冷静又鲜明。如果不合理的强调垂直性,就会变得冷漠僵硬,使人难以接近。将垂直线和水平线作对比的处理,可以使两者的性质更生动,不但使画面产生紧凑感,也能避免冷漠僵硬的情况产生,相互取长补短,使版面更完善。

　　设计应用:线在编排构成中的形态很复杂,有明确的实线,也有隐含的虚线,线在编排设计中有强调、分割、导线、视觉线的作用;而且会因为方向、形态的不同而产生不同的视觉感受,例如垂直的线给人平稳、挺立的感觉;弧线使人感到流畅、轻盈;曲线使人跳动、不安。当

图 4 - 67

页面内容较多时,设计者需要进行版面分割,通过线的分割保证页面具有良好的视觉秩序,页面依据直线进行分割会产生和谐统一的美感;通过不同比例的空间分割,能产生空间层次的对比及韵律感,犹如钢琴上跳跃的音符给人音乐般的感受。

在页面设计中,细线明快,具有动感;粗线会流露出沉稳、清晰、富有弹性的观感。运用线的分割可以将整个页面梳理得条理清晰、富有节奏感(如图 4 - 68)。

图 4 - 68

曲线很富有柔和感、缓和感;直线则富坚硬感、锐利感、极具男性气概。当运用曲线或直线强调某一形状是,我们便能有深刻的印象,产生相应的情感。所以为加深曲线印象,就以一些直线来强调,也可以说,少量的直线会使曲线更引人注目(如图 4 - 69)。

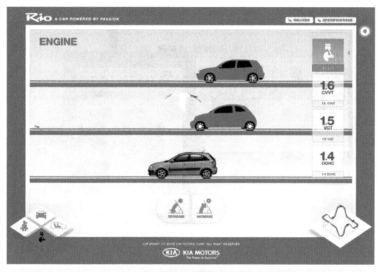

图 4 - 69

四、网页版式设计的实践运用

1.关于整体版面的注意事项

（1）版面尺寸规范。

网页尺寸是按像素（pix）计算的。常见的尺寸为 980～1020 像素宽。目前设计面向主流用户的站点通常以屏幕分辨率 1024×768 为基准，具体设计规范：页面宽，不超过一屏；页面高，不超过三屏。即分辨率为 1024×768，去掉网页浏览器边框和滚动条，一般就只能用 1000 左右；然后再考虑网页本身的边框和背景等，设计可以使用的宽度一般就 980～1000 的居多，高度则是可以依据栏目内容多少来考虑是一屏还是滚屏显示。现在基本上都是宽屏显示器了，分辨率一般都高于 1366×768，这样实际上页面 1200 宽以上也没问题。

对于一些用户群体特殊的站点，比如电影宣传类、游戏类等和图形设计类站点等，用 1024×768 可以增强视觉效果，实际设计制作尺寸应为 980×1004，这时就应该注明推荐观赏分辨率，不过很少有用户为了欣赏你的网站而更改屏幕分辨率。

就用户经验而言，页面向下垂直滚动进行下一屏内容阅览是一种常识，但横向水平滚动的办事设计则不恰当。网页分辨率为 800×600 px 下，网页设计的宽度保持在 778 px 以内，就不会出现水平滚动条，高度则视版面和内容决定；1024×768 下，网页设计的宽度保持在 1002 以内，就不会出现水平滚动条，高度则视版面和内容决定。

另外，最近的几年来，随着 PC 端、平板、智能手机等终端的发展，设备环境（系统平台、屏幕尺寸、屏幕分辨率等）更加复杂，网页设计的展示需要考虑到各个终端的具体差异，不仅要在电脑屏幕上正常显示，也需要在智能手机等移动显示终端上正常显示，因此，响应式设计（Responsive Web design）应运而生（如图 4 - 70）。响应式页面制作，可以针对不同设备和屏幕分辨率自行变更页面呈现，对平板电脑和手机上网来说是必须的，也是当前网页设计在版式规划方面的发展潮流。

图 4 - 70

（2）版面的留白。

版面留白量以不少于 40％为宜（如图 4 - 71）。

图 4 - 71

背景色彩纯度过高会造成版面空白量感觉消失。

（3）重要信息。

重要信息的呈现方式有如下几种：

重要信息应置于标题之后，首页链接点或内文之前。

重要信息可以置于前端明显或突出的图像强调。

重要信息可以运用不同颜色区块强调（如图 4 - 72）。

图 4 - 72

（4）关于讯息的连贯性。

保持固定的版式，求取统一感，方便阅读与搜寻（如图 4 - 73，4 - 74）。

图 4 - 73

The Best Designed Web Portfolios

October 22th, 2009. Posted in: How-To | 2 Comments

Lorem ipsum dolor sit amet, consectetur adipiscing elit. Quisq ue vulputate dapibus dign ssim. Suspendisse vestibulum, se nec vulputate pellentesque, mi lacus bibendum sapi en, sitet molestie dolor enim ac nunc. Nam vitae dui a ante ullamcorp venenatis. Ut adipiscing, nulla non pellentesque pharetra, turpis sapien convallis mauris, id sodales...

Continue Reading

Magazine Links

About The Magazine

Our Authors

Contacting Us

Become an Author

FAQ & Terms

WE BUILD

WEBSITES
ECOMMERCE
BLOGS
APPLICATIONS
iPHONE STUFF

Designing a New Website!

October 22th, 2009. Posted in: How-To | 2 Comments

Lorem ipsum dolor sit amet, consectetur adipiscing elit. Quisq ue vulputate dapibus dign ssim. Suspendisse vestibulum, se nec vulputate pellentesque, mi lacus bibendum sapi en, sitet molestie dolor enim ac nunc. Nam vitae dui a ante ullamcorp venenatis. Ut adipiscing, nulla non pellentesque pharetra, turpis sapien convallis mauris, id sodales...

Continue Reading

Popular Posts

83 Wordpress Designs

80 AJAX Solutions

75 Js Techniques

70 Photoshop Tutorials

70 Illustrator Tutorials

53 CSS Techniques

50 Blog Designs

50 Graffiti Artworks

50 Brilliant Photos

Blogroll

83 Wordpress Designs

80 AJAX Solutions

75 Js Techniques

70 Photoshop Tutorials

70 Illustrator Tutorials

53 CSS Techniques

Website Challenges Vs. Innovation

October 22th, 2009. Posted in: How-To | 2 Comments

Lorem ipsum dolor sit amet, consectetur adipiscing elit. Quisq ue vulputate dapibus dign ssim. Suspendisse vestibulum, se nec vulputate pellentesque, mi lacus bibendum sapi en, sitet molestie dolor enim ac nunc. Nam vitae dui a ante ullamcorp venenatis. Ut adipiscing, nulla non pellentesque pharetra, turpis sapien convallis mauris, id sodales...

Continue Reading

All Posts

83 Wordpress Designs

80 AJAX Solutions

75 Js Techniques

70 Photoshop Tutorials

70 Illustrator Tutorials

53 CSS Techniques

50 Blog Designs

50 Graffiti Artworks

Follow Us

Page 1 of 3

图 4 - 74

103

设计应用：人的视觉对从右上到左下的流向较为自然。进行版式设计时，从左到右、从上至下来编排文字与图片，就会产生一种很自然的流向（如图 4-75，4-76）。如果把它逆转就会失去平衡而显得不自然。这种左右和上下方向的平衡感，是和人们的生活习惯息息相关的。

图 4-75

图 4 - 76

2. 使用图形和图像的注意事项

在页面中使用图形要力求清晰可见、意义简洁。对于图形内包含文字的情况,要特别注意不要因压缩文件而导致无法识别。同时图形内文字的装饰不要过分花哨,妨碍识别。

运用背景图片时,背景与主体明度对比在3:1到5:1之间为宜。过于清晰的图片背景会影响文字识别,而一般淡色系的背景有助于整体和谐(如图4-77,4-78)。

图 4 - 77

图 4 - 78

3.使用线框划分空间

线框多用在需对版面个别内容进行着重强调时,另外对诸多内容进行区块划分以建立秩序也会起到很大作用。线框在页面中通常都起强调和限制作用,使页面中的各元素获得稳定与流动的对比关系,反衬出页面的动感。

在页面设计中,用积极的线框限定空间,会使被限定的各要素产生紧张感而引起浏览者注意。线框内局部内容与整个页面相对独立,又使整个页面在布局中获得清晰的空间关系

（如图 4 - 79,4 - 80）。

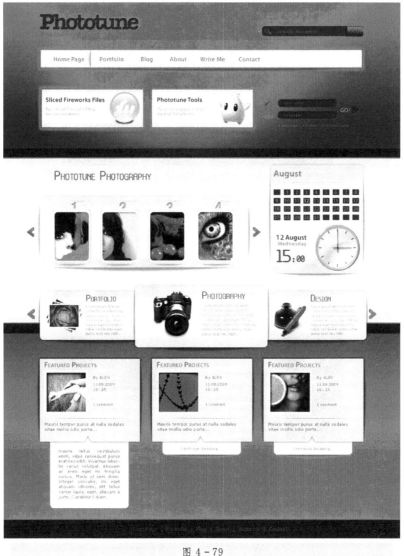

图 4 - 79

4.使用网格设计规划网页空间

网格设计是版式设计的一种方法,产生于二十世纪初叶的西欧诸国,完善则于五十年代的瑞士。网格设计风格的形成受建筑影响很深,其风格特点是运用数字的比例关系,通过严格的计算,把版心划分为无数统一尺寸的网格。

设计实践中将版面分为一栏、二栏、三栏以及更多的栏把文字与图片安排于其中,使版面具有一定的节奏变化,产生优美的韵律关系、网格设计在实际运用中具有科学性、严肃性,但同时也要避免太规律的版面所带来的呆板影响。

在页面设计中,网格为所有的设计元素提供了一个结构,它使设计创造更加轻松、灵活,也让设计师的决策过程变得更加简单。在安排页面元素时,对网格的使用能提高精确性和

图 4-80

连贯性,为更高程度的创造提供一个框架。网格使设计师能做出可靠的决定,并有效地运用自己的时间。设计师在运用网格设计的同时,也可以适当打破网格的约束使画面活泼生动。

一般而言,使用网格可以将整个网站整体界面细分为固定的水平和垂直的区域,产生一个框架,用于组织设计网页空间中的空间、文字和画面,外在的或内在的网格会产生秩序和整体空间感,使网站页面的界面设计有一种统一的面貌(如图 4-81,4-82)。

图 4 - 81

图 4 - 82

实验项目

1. 学生分组选定一个行业的网站进行网上调查,挑选出具有代表性的优秀网站,进行网站版式设计方面的专题性分析。

2. 学生自选题进行一个中小型商业网站进行版式设计,用电脑做出 3 套不同的版式设计图。

 实验要求

1. 要求至少调查相同行业的 30 个网站,了解其行业网站的在版式设计方面的特点。

2. 了解网页版式设计原理,学会运用合适的版式布局进行网站设计。

网页设计的软件运用

▶ **教学目的**

掌握 DreamWeaver 的基本操作，学会运用 Dreamweaver 软件进行网页设计制作。

▶ **教学内容**

（1）DreamWeaver 的基本操作；

（2）DreamWeaver 的基本设置和使用文本；

（3）DreamWeaver 的表格；

（4）DreamWeaver 的头元素；

（5）DreamWeaver 表单元素；

（6）在 Dreamweaver 中插入多媒体元件和制作相册；

（7）Dreamweaver 中的 CSS；

（8）Dreamweaver 中的层；

（9）Dreamweaver 中的行为；

（10）Dreamweaver 中的模板和框架。

▶ **学习方法**

上课和上机实践相结合。根据教师课堂多媒体演示和讲解内容，学生在 DreamWeaver 中进行单元练习，掌握教学内容。

针对设计、开发和维护网站、交互体验及移动内容，美国 Adobe 公司在 2008 年推出的 Adobe Creative Suit 4 Web Premium（如图 5－1）和 Creative Suite 4 Web Standard（如图 5－2）套装软件提供了极为强大的设计开发功能。Adobe Creative Suit 4 Web Premium 提供了一切所需工具帮助您构建网站项目、设计资源，并能在不同软件和组件之间灵活工作，将静态图形转换为动态动画，以及创建超越交互式设计界限的动人体验。而 Adobe Creative Suite 4 Web Standard 更关注 Web 制作，有效创建在线体验、维护网站和更新内容。使用 Adobe Creative Suite 4 Web Standard 借助各种基本工具设计、开发和维护网站、交互式体验及移动内容。将创作内容从设计转到部署，无需重新创建资源即可实现技能与时间的最大化。也可与客户及同事实时协作，从而实现最佳效果。

Adobe Creative Suite 4 Web Standard 套装软件主要包括 Adobe Dreamweaver CS4、Adobe Flash CS4 Professional、Adobe Fireworks CS4 和 Adobe Contribute CS4（如图 5－3）。其中可使用 Adobe Dreamweaver CS4 实现专业网站设计，使用 Adobe Flash CS4 Professional 实现丰富的交互式内容开发，使用 Adobe Fireworks CS4 制作 Web 原型和编

辑图像以及使用 Adobe Contribute CS4 灵活发布 Web 内容。

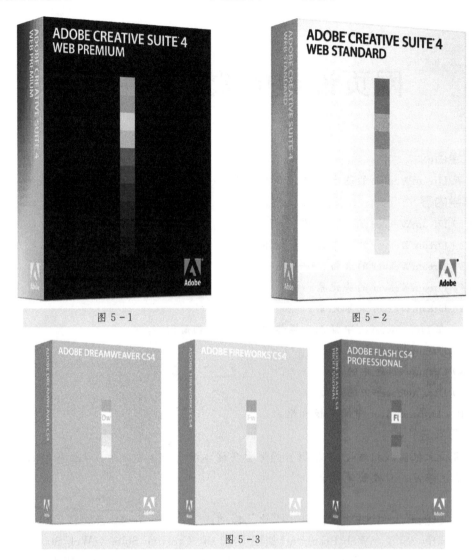

图 5 - 1   图 5 - 2

图 5 - 3

　　后来,Adobe 公司在 2010 年和 2012 年分别推出了 Adobe Creative Suite 5 和 Adobe Creative Suite 6,进一步完善了功能,是当今网页设计人员的最广泛使用的设计工具包,创建在任何屏幕都具有良好视觉效果的 HTML5/CSS3 网站,并设计针对平板设备和智能手机的应用程序。

　　从 2013 年开始,Adobe 公司改变策略,推出了最新升级版,Adobe 软件套装已不再以 (Creative Suite) CS 命名,而是改成 (Creative Cloud) CC(如图 5 - 4),主推云服务!套装中总共包含了图像设计、网页开发(如图 5 - 5)、视频剪辑、CC 套件的各种工具。Adobe CC 系列产品最大的特点便是改进了云服务功能,用户可在 Mac OS、Windows、iOS 和 Android 系统上通过 Creative Cloud 来储存、同步和分享 Creative 文件,步入全新的云服务时代。

图 5-4

图 5-5

第一节　网页设计制作软件 DreamWeaver 的基本操作

作为一款目前 Web 设计行业使用最为广泛的可视化专业网页制作软件(如图 5-6)，
DreamWeaver 无论对 Web 站点、Web 页面还是 Web 应用程序进行设计、编码和开发,都游刃有余,得心应手,可谓功能强大。不管是对于刚接触网页设计的初学者还是专业的 Web 开发人员,DreamWeaver 都在可视化操作、易用性的设计理念和强大的软件功能方面给予了充分可靠的支持。可以说学习好 DreamWeaver 对于专业的网页设计制作必不可少。

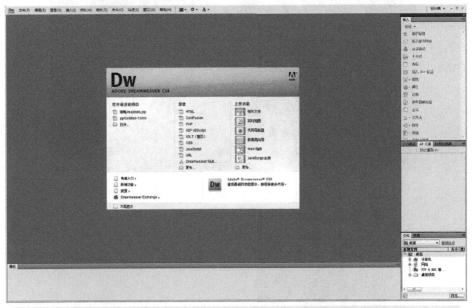

图 5-6

一、DreamWeaver 的工作界面

程序的主界面大致可分为下面几个区域(如图 5-7):

菜单栏,"文档"工具栏,"插入"栏,"标准"栏,编辑区,状态栏和各个面板。

菜单栏:提供了全部的 Dreamweaver 命令。

插入栏:在插入栏中包含了多个选项卡,每个选项卡中都提供了可插入到文件中的对象。

"文档"工具栏:

①代码视图:在主窗口中显示网页的 HTML 源代码。

②代码与设计视图:在这个视图中可以同屏显示网页的源代码和页面效果。

③设计视图:网页编辑窗口,只显示网页排版效果。

④动态数据库视图:显示数据库的信息。

标题:输入标题即可。

在浏览器中预览:在浏览器中预览页面。或按快捷键 F12。

标准栏:包含新建、打开、保存、全部保存等。

编辑区:在此区域内可对网页进行可视化编辑。

"属性"检查器:根据选定的对象不同,属性检查器中将自动切换相应的选项,供用户对其进行设置。

图 5-7

状态栏：显示窗口大小。显示此网页的下载时间。

二、站点的定义

在使用 DreamWeaver 制作网页之前，有一项重要的准备工作——定义站点（如图 5-8）。

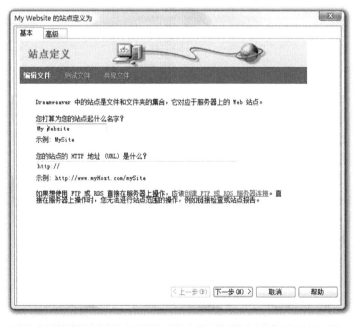

图 5-8

（1）"站点/新建站点"来定义一个新站点。

（2）出现站点定义窗口，该窗口包含"基本"和"高级"两种定义站点的模式。

（3）填入站点的名称。

（4）我们学习的是静态站点的定义，所以选择第一项"否，我不想使用服务器技术"

（5）如果编辑的站点文件就在当前机器上，选择第1项，如果编辑的站点文件在局域网的某台机器上，应选第2项。如果编辑的站点文件在远程服务器上，应选第3项。

补充：图片文件夹一定要放入站点文件夹里面。

（6）如果定义好站点之后需要对站点进行修改的话，可以点"高级"编辑站点，进行相关设置。

三、创建页面

定义好站点后，需创建网页，在网站中创建网页的方法，"文件"/"新建"（如图5-9），也可以在站点选项卡中选择需要新建页面的目录，右击"新建文件"（推荐）。要给网页重新取一个名字，在文件名上缓慢地点击一下，不要太快，输入新文件名即可。网站第一页（主页）的名字通常是 index.html 或 index.htm。举个例子，当输入"http://www.abc.com"这个网址时，其实并没有明确地指定打开哪一个页面，但服务器就会自动寻找 index.html 这个文件，如果有的话，就显示这个文件，如果没有，就再找 index.htm（有的软件还找 default.htm 或 default.htm），再没有就显示错误信息，所以在制作网页时，最好将网站的第一页命名为 index.html 或 index.htm。

图5-9

1. 打开 DreamWeaver，熟悉其主界面。

2. 用 DreamWeaver 定义一个站点。

3. 在定义的站点根目录下面创建 index.html 文件。

1. 了解 DreamWeaver 的操作界面。
2. 学会用 DreamWeaver 定义一个站点。
3. 了解 DreamWeaver 网站主页文件的命名规则。

第二节　网页属性的设置和文本的使用

一、网页属性的设置

创建网页后，首选需要设置页面的属性："修改/页面属性"或"右击编辑区－页面属性"（如图 5－10）。

"标题"栏设置的是页面标题。

"背景图像"：为网页添加背景图片。

"背景"：背景颜色，默认为白色。

"文本"：非链接文字的颜色。

"链接"：链接文字的颜色。

"访问过的链接"：已经被单击过的链接文字的颜色。

"活动链接"：正在被单击的链接文字的颜色。

"左边界"和"右边界"：设置左部及顶部的页边距。

"边界宽度"：即内容与左右边框的距离。

"边界高度"：即内容与上下边框的距离。

"打开"和"保存"文件。在 Dreamweaver 中，可以同时对多个文档同时编辑。

图 5－10

二、使用文本

(1)输入和修改文本：属性面板。

(2)输入连续空格：Ctrl＋Shift＋空格键，实际上在代码中添加了＆nbsp 或在中文输入法全角状态下输入空格。

(3)输入特殊字符：在插入栏中，选择字符。①相当于在代码中输入
 ②插入一个空格(＆nbsp)(如图 5－11)。

(4)撤消和重做：撤消步数是 50 步。分别是 Ctrl＋z ,Ctrl＋y 以及历史面板。

(5)复制和粘贴。

(6)拼写检查：文本拼写与检查。可对拼写进行校对。

(7)查找替换文字："编辑－查找和替换"

(8)段落的对齐：缩进和反缩进。

(9)使用列表：有序列表和无序列表。

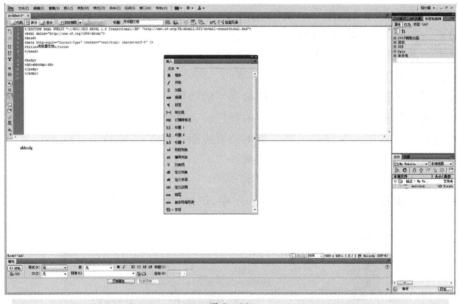

图 5－11

 实验项目

1. 在 DreamWeaver 进行网页属性的设置。

2. 用 DreamWeaver 创建一个基本文本的简单网页。

 实验要求

1. 了解 DreamWeaver 中网页属性的设置方法和内容。

2. 了解 DreamWeaver 中文本使用和设置。

第三节　DreamWeaver 表格基础设置

表格包含以下三个基本元素：行、列、单元格。

表格的格式控制能力使设计者可以使用表格来构造网页的框架。先使用较大的表格对网页的版面进行大致的控制，再使用嵌套的表格对细节进行刻画。

一、插入表格的方法

"插入栏"—"表格"（如图 5－12）。

单元格填充：单元格的边框和其中内容之间的空白，它的默认值为"1"个像素。

单元格间距：单元格与单元格的距离，默认值为"2"个像素。

图 5－12

二、选择表格元素

（1）要对表格进行编辑，首先要选择表格，选择表格方法：用鼠标单击表格或在表格中右击"表格/选择表格"，当表格出现 3 个小方块时，表示选择了表格。选择表格的两种方式：(1)把光标定位到任意单元格中，在状态栏中选择"Table"；(2)当鼠标变成四相箭头时，在表格上单击即可。

（2）选择行。

（3）选择列。

（4）选择单元格。

三、处理表格的行和列

插入一行：右击"表格/插入行"。

快速追加一行,将光标定位在最后一行的最后的一个单元格中,按下 Tab 键,在当前行下会添加一个新行。

插入一列:右击"表格/插入列",选择整个表格,在"属性"检查器中重新指定行数和列数,也可以添加或删除行和列。

删除行或列:快速删除,选中一整行或一整列,按"Delete"。

四、处理单元格

(1)合并单元格;

(2)拆分单元格;

(3)平均分布各行;

(4)平均分布各列;

(5)清除列宽的设置;

(6)将表格宽度设置的单位为像素;

(7)将表格宽度设置的单位为百分比;

(8)清除行高的设置;

(9)将表格高度设置的单位为像素;

(10)将表格高度设置的单位为百分比。

五、设置边框和背景(如图 5-13)

(1)做一个立体表格。

边框:1 填充:(默认)间距:(默认)bordercolordark="白色" bordercolorlight="黑色",背景颜色根据网页整体背景颜色来设置.

(2)制作只有 1 个像素的表格。

行数:1,列数:1,宽度:自定(像素),单元格填充:0,单元格间距:0,边框:0 设置其背景颜色:在代码视图下将<td> </td>中的   删除。

(3)细线表格的制作。

间距:1 个像素,填充:0 个像素,行数:,列数:,表格背景色:(自定)所有单元格背景色:(白色)。

当在单元格中插入 1×1 像素的图片时,我们可以随意设置表格的宽度和高度(只需在宽度和高度中输入相应的值就可以了)。

(4)制作圆角表格:用 fireworks 四张圆角图片。

(5)格式化表格:"命令-格式化表格"。

(6)排序表格:"命令-排序表格"。

①排序的行保留 TR 属性:如果以前使用了交替的颜色格式化表格,在重新排序后,可能会发生混乱。如果不选择"排序的行保留 TR 属性",就可以避免这情况的发生。

②将第一行排序:第一行也参加排序。

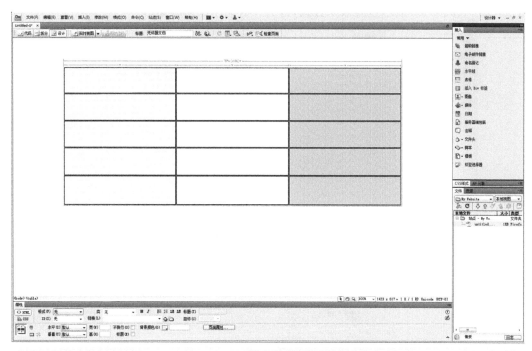

图 5 - 13

1. 练习在 DreamWeaver 中插入表格,进行边框和背景设置,并在表格置入文字和图片。
2. 在 DreamWeaver 中用表格来创建 5 个不同的网页版式。

1. 了解 DreamWeaver 中表格的属性及设置。
2. 学会用 DreamWeaver 的表格进行网页布局。

第四节　DreamWeaver 头元素(Head)的设置

DreamWeaver 的头元素即 Head 元素,用 Head 元素可以用来设置网页信息。比如,可以用 DreamWeaver 定制网页过渡功能。网页过渡是指当浏览者进入或离开网页时,页面呈现的不同的刷新效果,比如卷动、百叶窗等。这样你的网页看起来会更具有动感,不过也要注意适可而止,否则太花哨的变化也容易引起浏览者的反感。

首先用 DreamWeaver 打开页面,然后单击菜单中的 Insert\Head\Meta(插入/文件头标签/Meta)(如图 5 - 14),在对话框中的"属性"选项的下拉列表中选 HTTP - equivalent 选项,在 Value(值)中键入 Page - Enter,表示进入网页时有网页过渡效果。在 Content(内容)中键入 Revealtrans(Duration＝4,Transition＝2),Duration＝4 表示网页过渡效果的延续时间为 4 秒,Transition 表示过渡效果方式,值为 2 时表示圆形收缩。

图 5-14

效果 Content Transitionv;

　　盒状收缩 RevealTrans 0;

　　盒状展开 RevealTrans 1;

　　圆形收缩 RevealTrans 2;

　　圆形展开 RevealTrans 3;

　　向上擦除 RevealTrans 4;

　　向下擦除 RevealTrans 5;

　　向左擦除 RevealTrans 6;

　　向右擦除 RevealTrans 7;

　　垂直百页窗 RevealTrans 8;

　　水平百页窗 RevealTrans 9;

　　横向棋盘式 RevealTrans 10;

　　纵向棋盘式 RevealTrans 11;

溶解 RevealTrans 12;

　　左右向中部收缩 RevealTrans 13;

　　中部向左右展开 RevealTrans 14;

　　上下向中部收缩 RevealTrans 15;

　　中部向上下展开 RevealTrans 16;

　　阶梯状向左下展开 RevealTrans 17;

　　阶梯状向左上展开 RevealTrans 18;

阶梯状向右下展开 RevealTrans 19;

阶梯状向右上展开 RevealTrans 20;

随机水平线 RevealTrans 21;

随机垂直线 RevealTrans 22;

随机 RevealTrans 23。

插入关键字:为了使已经上传到服务器上的网站能够在搜索软件中搜索出来,以提高网站的知名度,如在北京大学网站首页里加入的关键字有:北京、中国、大学、教育、知识、研究、科研、人文等插入说明。如本网站的标题输入一个关键字检索时,在搜索引擎上不仅可以查到很多网站,还可以查到很多网页,大部分搜索引擎在查询网页时都是根据头元素里的关键字来进行搜索的,显示的内容是在头元素中的说明。

插入"刷新":设置多少时间对当前网页刷新一次,或者链接到其他网页。

基础:设定本页面与其他页面的相邻关系,一般要求配合 javascript 脚本来工作。

链接:设定本页面与其他页面的链接关系,一般也要求配合 javascript 脚本来工作。

脚本:可以插入一个 javascript 的脚本块。

 实验项目

1. 打开北京大学网站,保存其首页,然后用打开该文件后进入代码视窗查看 Head 元素,分析其设置。

2. 试着在 DreamWeaver 中对自己上机练习制作的网页中 Head 元素进行网页刷新特效和关键字设置。

 实验要求

1. 了解 DreamWeaver 中 Head 元素的属性及设置。

2. 学会运用 Head 元素设置网页。

第五节　DreamWeaver 表单元素

一、表单的工作原理

可以用表单来收集一些必需的个人资料,在网络店铺购物时,收集每个网上顾客的关键词然后提交到服务器上。

一般表单的工作过程如下:

(1)访问者在浏览有表单的网页时,可填写必需的信息,然后按某个按钮提交;

(2)这些信息通过 Internet 传送到服务器上;

(3)服务器上专门的程序对这些数据进行处理,如果有错误会返回错误信息,并要求纠正错误;

(4)当数据完整无误后,服务器反馈一个输入完成信息。

从表单工作过程中可以看到，表单的开发可以分成两个部分，一是具体在网页上制作必需的表单项目，这一部分称为前端，主要是在 Dreamwaver 进行，另一部分是编制如何处理这些信息的程序，这一部分称为后端，主要是用具体的解释或编译程序制作(Perl，ASP，C，Jave)

二、使用表单

一个表单可以分为两部分：一是 Form 标签，一是表单元素。基中 Form 标签主要表示提交的方式以提交给的程序，表单元素供浏览者填写各种表单内容。如果没有 Form 标签，在测试表单时显示都是正确的，但是绝对不可完成提交工作。

(1)插入一个空表单(如图 5-15)。

表单元素的主要属性有方法和动作。

表单提交的方法是：post 和 get。get 提交数据的长度不能超过 100 字符，而 POST 则对字符长度不作限制。动作(action)是告诉表单收集到的数据送到什么地方。在许多情况下，特别是制作个人主页时，服务器的权限是不开放的，我们没有办法用服务端程序的方法来处理表单。如果还想使用表单，就只有填写邮件地址，这样表单内容就会通过电子邮件传给你。

删除表单：右击红色虚线打开快捷菜单，选择"删除标签<Form>"。

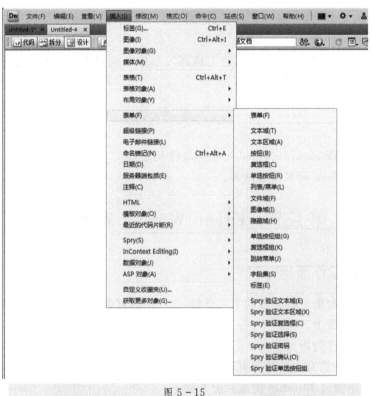

图 5-15

(2)表单的类型选择(如图 5-16)。

文本域：文本域主要有三种形式，即单行、密码和多行。"字符宽度"：可控制单行文本的宽度，"最大字符数"：可控制键入的最长字符数，"初始值"：可输入初始文字。

密码文本域：特点是不在表单中显示具体输入的内容，而是用"＊"来替代显示。

多行文本域：可以显示和输入多行文字。

复选框。

单选按钮：在进行单选项设置时，单选按钮变量名称非常重要，如果不进行任何改变，无论你插入多少个单选项，也无论这些单选分布在多少行中，它们中只能选择一个。如果在表单中还有另一个单选项目，则必须更改它的名称。

单选按钮组。

列表/菜单：其有两种形式：菜单和列表。

按钮：有三个参数：提交表单，2、重设表单，无。

图形按钮：在提交表单时，如果不想千篇一律地使用标准按钮，则可以通过使用图形按钮的方法来美化网页。

图 5－16

1. 打开淘宝网站(http://www.taobao.com)或易趣网(http://www.eachnet.com)，进行注册和虚拟购物，分析其过程中出现的表单形式。

2. 打开 126.com 网站，对照着用 DreamWeaver 设计制作一个电子邮箱登陆网页。

1. 了解表单的工作原理和类型。

2. 熟悉表单在网页中的实际运用。

第六节　插入多媒体元件和制作相册

一、插入多媒体元件

在网页中加入音频（embed src＝"音频文件路径"）。

在"插入栏"的"多媒体"中选择"插件"（如图 5 - 17）。

图 5 - 17

加入背景音乐：bgsound src＝"音频文件路径"（如图 5 - 18）。

图 5 - 18

插入 Flash 动画:NAME＝wmode VALUE＝transparent(背景透明的 Flash 动画)。

插入 Flash 按钮:用于导航栏、标题栏等地方。

插入 Flash 文本:颜色:字体位移颜色。转滚颜色:设置鼠标置于文字上的时候,字体改变的颜色。背景色:文字的背景色,如果不设置,文字的背景将为白色。另存为:创建的 Flash 文字保存的路径及文件名。Flash 文本可以广泛地应用到页面标题,简单按钮等方面。

插入 fireworks HTML。

插入日期:插入一日期。

历史记录面板和命令菜单:允许我们撤消和重做一步或几步,还允许我们将步骤编成一个自动批处理的新命令来完成重复的任务。

①重做单步操作;②重做多步操作;③选择性的重做。

二、制作相册

创建网页相册:命令—"创建网站相册",在创建网页相册时(如图 5－19),DreamWeaver 生成一个批处理的操作,启动 Fireworks,在其中执行这个批处理操作,将生成缩略图和全屏的图像,再由 DreamWeaver 建立各个图像的网页。

源图像文件夹:原来图像所存在的位置。

目标文件夹:必须存放在网站里的一个文件夹。

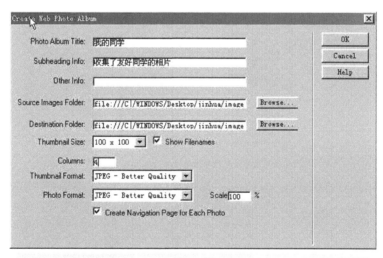

图 5－19

1. 试着在网页中插入背景音乐和 Flash 动画。

2. 创建一个自己的个人的网站相册。

1. 了解如何插入不同的多媒体元件到网页中。
2. 了解制作网站相册的简单方法。

第七节　Dreamweaver 中的 CSS

一、CSS 的定义

CSS 是 Cascading Style Sheets(层叠式样式表)的简称,它允许在网页中加入各种样式的字体、颜色、背景等(图 5-20)。

图 5-20

设计面板-CSS 样式(如图 5-21)。

窗口上方有"应用样式"和"编辑样式"两个选项,如果当前选中"应用样式",当点击某个样式的时候,该样式将应用到当前页面选中的部分。如果当前选中"编辑样式",当点击某个样式的时候就会进入编辑该样式模式。

窗口下方有 4 个按钮,第一个按钮为附加样式表,加入一个外部样式表。

第二个按钮为新建样式表,一般通过这个按钮来创建新的 CSS 样式表。

第三个按钮为编辑样式表,点击后会弹出编辑样式表对话框,显示了所有已存在的内部和外部样式表,可以在这个对话框里新建、编辑、删除样式。

第四个按钮为删除样式表按钮。

注意：自定义样式的名称可以自已设定（中文除外），一般根据其样式、效果命名。在名称前必须有点号，如果漏写，系统也会自动补上。

图 5－21

创建动态链接样式表（如图 5－22）。

图 5－22

a：link－超级链接的正常状态。

a：visited－访问过的超级链接状态。

a：hover－光标移至超级链接时的状态。

a：active－选中超级链接状态。

通过上面的方法定义动态链接的样式后，整个页面的链接效果都会改变，如果需要在一个页面中显示 2 个或更多的链接效果，选择"使用 CSS 选择器"，在"选择器"一栏，直接输入

"a. link2:link"进行定义,再分别输入"a. link2:visited"和"a. link2:hover"并进行定义。在全部定义完以后,在"CSS 样式"选项卡下会多一个名称为 link2 的自定义样式。

二、创建自定义样式

(1)名称:起一个名字。2、类型:选择"创建自定义样式(CLASS)"3、仅对该文档

大小:14 或 16 像素 行高:30 像素或 150%。

(2)重定义 HTML 标签:①类型选"重定义 HTML 标签"定义 td 标签;②定义在"仅对该文档"。

我们还可以再定义一个<p>标签。设置字体为 14 像素,行高为文字尺寸的 150%,创建的自定义标签,不会显示在外面,只要定义完成,即可生效。

三、外部样式表

为了保证网站的风格统一,往往需要在不同页面中应用相同的样式表。

(1)名称:给外部样式表起一个名称。

(2)类型:选"创建自定义样式"。

(3)定义在"新建样式表文件"后会让我们保存一个文件,这个文件务必在存放在本网站中。

注意:外部样式表与内部样式表的区别。

如果想把内部样式单导出外部样式单,只需右击"该样式单"选"导出外部样式单"。

如果想引用一个外部样式单,选第一个按钮"链接外部样式表",选择一个外部样式表,添加为"链接"。

四、CSS 进阶

(1)背景。

(2)CSS 进阶,边框:要"样式"设置边框样式。可以从下拉菜单中选择无边框、点划线、虚线、实线、双线等边框样式。"宽度"用来设置对象边框的宽度。可以分别设定上边宽、右边宽、下边宽和左边宽的值。"颜色"用来设置边框的颜色。例:可以对表格设置边框,可以对文本设置边框,可以对文本框设置边框。在实际网页制作中,根据需要,将边框的定义与其他参数(如背景、字体)配合,可以使表格、文本区、按钮等的外观更加美观。

(3)CSS 进阶,列表:使用 List(列表)可以让页面中的内容更具条理性,不过页面中默认的列表效果却不够漂亮,每个列表项目的前面都是使用黑点或数字来标识,严重影响了页面的美观。本例将通过 CSS 的列表参数的设置,定义列表项样式、列表项图片和位置,从而美化列表内容。

在设置窗口中,"类型"设置列表项所使用的预设标记有:圆点、圆圈、方块、阿拉伯数字了、小写罗马数字、小写英文字母、大写英文字母和无项目符号等。

"项目符号图像"一栏设置列表项的图像。

(4)CSS 进阶,扩展:(1)设置鼠标效果。在"光标"一栏设置当鼠标经过样式控制的对象的改变鼠标形状。可以设置为 HAND(手型)、CROSSHAIR(十字型)、TEXT("I"型)、

WAIT(等待)、DEFAULT(默认)、HELP(?)E-RESIZE(东箭头)等。

1. 用 DreamWaver 在网页上创建自定义样式和链接到外部 CSS,比较其区别。

2. 试着通过创建和改变网页上的 CSS 内容来设置网页的文字、链接、背景、颜色、边框和图像效果。

1. 了解 CSS 在网页中的应用。

2. 熟悉 CSS 的设置内容。

第八节　DreamWeaver 中的层(DIV)

用层(DIV)可以更方便而且更精确地来定位。

(1)建立层:默认情况下,插入层的标签是"DIV"(如图 5-23),这个标签在 IE 与其他主流网页浏览器中都支持。按 Ctrl,可以连续的画出多个层。

图 5-23

(2)建立一个嵌套的层:层的嵌套和表格的嵌套有些类似,就是在层里面再建立一个层。

层的关系:它们可以有两种关系,重叠(并列)与嵌套。并列就是指两层是独立的,任何一个层改变不会影响其他层。是指嵌套母层改变属性会影响子层的属性。

（3）建立一个完全处于母层之外的子层：不能用直接在母层之外建立子层的方法来建立，只能在母层之内建立子层后，再将子层拖出母层。

另一种方法：Alt＋描绘层。

（4）改变层的属性。

①用鼠标直接拖运"层"的大小。

②在属性面板中输入宽和高。

按下 Shift 键加 4 个方向键，可以对层做 10 个像的移动。

按下 Ctrl 键加 4 个方向键，可以对层进行一个像素的大小改变。

按下 Shift＋Ctrl 键加 4 个方向键，可以对层做 10 个像素的大小改变。

（5）用"Z 轴"改变层的次序。

"Z 值"（即 Z 轴的值）越大，这个层的位置就越高，这个层的位置就越靠上，也就是说，当与其他层有重叠时，可以遮盖其他 Z 值小的层。

层的命名：在给层命名时不能出现中文和特殊字符（＊，－，空格）。

（6）设置"溢出"选项。

"溢出"选项是指当层中的元素超出层的边界时，如何处理。其中"visible"是不管层的边界，显示所有元素；"hidden"则是不显示超出边界的内容；"scroll"是层的右方和下方出现滚动条而不论元素是否溢出；"auto"则是当层中元素溢出时才出现滚动条。

（7）层的剪辑。

所谓剪辑就是保持一幅图画的完整性，而只显示其中的一部分。对层也可以进行剪辑处理，只要指定需要剪辑的最左、最右、最上、最下的坐标即可。

（8）层面板。强烈推荐大家在用层的时候打开并使用"AP 元素"面板（如图 5－24）。

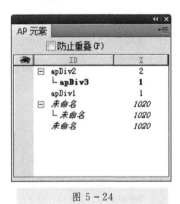

图 5－24

实验项目

1. 在网页上创建独立层和嵌套层，比较它们在实际应用上的区别。

2. 试着打开层面板，进行层的属性设置。

1. 了解层在网页中的应用。

2. 熟悉层的设置。

第九节　DreamWeaver 中的行为

行为是事件和动作的组合。事件是在特定的时间或用户在某时所发出的指令后紧接着发生的,例如网页下载完毕,按下键盘,单击鼠标等。而动作是在事件发生后所要作出的反应,例如打开的浏览器窗口、弹出菜单、播放音乐等(如图 5 - 25)。

图 5 - 25

(1)播放声音。

(2)打开浏览器窗口。

(3)弹出信息。

(4)改变属性。

(5)改变时间轴。

(6)拖动层:on mouse over(鼠标经过时拖动)。

(7)设置文本:状态栏中的显示内容。

(8)验证表单。

(9)选择超联接文字,然后添加行为－显示弹出式菜单。

1. 用行为在网页上创建一个弹出菜单。
2. 进行行为的拖动层命令在网页上创建一个拼图练习。

1. 了解行为命令在网页中的作用。
2. 熟悉常用的行为命令的设置。

第十节　DreamWeaver 中的模板和框架

一、使用模板

1. 创建模板
(1)"资源"面板－"模板"－"添加"。
(2)把一个编辑好的网页保存为模板,选"文件"－"另存为模板"(如图 5－26)。

图 5－26

2. 编辑模板
定义可编辑区:可编辑区应网页中的可编辑部分,锁定区是那些不可编辑的部分。选择可编辑区,右击选"新建可编辑区",输入一个名字。

3. 模板的使用与修改
(1)将模板应用到文件中:新建－模板－选择模板文件。
(2)与模板脱离:当不再需要对一个网页使用模板时,"修改"－"模板"－"从模板中分离"。

　　(3)用模板更新网页和网站：当用户改变模板后，DreamWeaver 会提示用户是否使用模板更新网站，"修改"－"模板"－"更新页面"(如图 5 - 27)。

图 5 - 27

二、框架

　　框架的作用就是把浏览器窗口划分为若干个区域，每个区域可以分别显示不同的网页。框架由两个主要部分组成——框架集和单个框架。框架集是在一个文档内定义一组框架结构的 HTML 网页，单个框架是指在网页上定义的一个区域。

　　＜查看＞－＜可视化助理＞－＜框架边框＞：使框架边框在编辑窗口中可见(如图 5 - 28)。

　　按住 Alt 键拖曳任意一条框架边框，可以垂直或水平分割文档。

　　＜文件＞－＜保存全部＞：首先保存框架集文件。依次要保存框架集中的其他页面。保存对应页面的时候，该部分都将以虚线框显示。保存的页数为 X＋1 个网页。

　　源文件：用来指定在当前框架中打开的源文件(网页文件)。可以直接在输入域中文件名；或单击文件图标，浏览并选择一个文件；也可以把光标置于框架内，然后选择＜文件＞－＜在框架中打开＞来打开一个文件(如图 5 - 29)。

　　滚动：用来设置当没有足够的空间显示当前框架的内容时是否显示滚动条。

　　不能调整大小：选择此选项，可防止用户浏览时拖动框架来调整当前框架的大小。

　　边框：决定当前框架是否显示边框。只有所有比邻的框架此项属性均设为"否"时，才能取消当前框架的边框。

　　边框颜色：设置与当前框架比邻的所有边框的颜色。

边界宽度：以像素为单位设置左和右页边距（框架边框与内容之间的距离）。

边界高度：以像素为单位设置上和下页边距（框架边框与内容之间的距离）。一般两者我们都设置为"0"。

按住"Alt"键，用鼠标在某个框架中单击与在框架窗口中选择某个框架效果是一样的，都能在"属性"面板中显示单个框架属性。

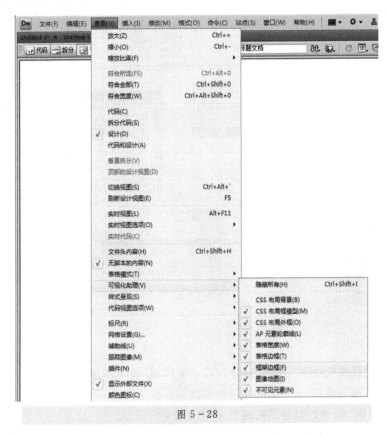

图 5－28

选择框架集：将鼠标放在两框架之间的边框上，光标变为"上下箭头"时，单击该边框就可以选中整个框架集了。属性面板就会出现设置关于整个框架集的项目。

边框：可以设置框架集是否有边框，边框宽度及颜色。

最为重要的是设置框架集中行和列的大小。

像素：以像素设置列宽度和行高度。这个选项对总是要保持一样大小的框架（如导航栏）是最好的选择。如果为其他框架设置了不同的单位，这些框架的空间只能在以像素为单位的框架完全达到指定大小之后才分配。

百分数：当前框架行（或列）占所属框架集高度（或亮度）的百分数。设置以百分数为单位的框架行（或列）的空间分配在设置以像素为单位的框架行（或列）之后，在以相对为单位的框架行（或列）之前。

相对：当前框架行（或列）相对于其他行（或列）所占的比例。以相对为单位的框架行（或列）的空间分配在以像素和百分数为单位的框架行（或列）之后，但它们占据浏览器窗口所有的剩余空间。

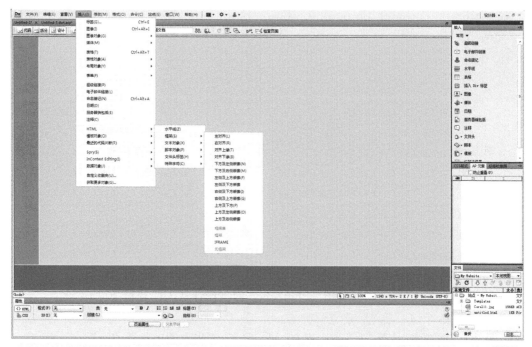

图 5 - 29

 实验项目

1. 应用模板设计制作一个不少于六个页面的化妆品网站。
2. 利用框架进行上面网站的布局设计制作。

 实验要求

1. 充分了解模板在网页设计制作中的应用。
2. 学会利用框架布局网页。

参考文献

[1] 刘强,张阿敏,翁艳彬,等.网页设计与制作[M].北京:高等教育出版社,2010.

[2] 刘桂阳. Internet 应用及网页设计[M].哈尔滨:哈尔滨工业大学出版社,2008.

[3] 刘西杰,柳林.HTML、CSS、JavaScript 网页制作从入门到精通[M].北京:人民邮电出版社,2013.

[4] 〔美〕SKLAR J.WEB 网站设计[M].北京:高等教育出版社,2003.

[5] 丁士峰.网页制作与网站建设实战大全[M].北京:清华大学出版社,2013.

[6] 〔美〕MACDONNLD N.WHAT'S WEB DESIGN[M].北京:中国青年出版社,2006.

[7] 李东博.DreamWeaver＋Flash＋Photoshop 网页设计从入门到精通[M].北京:清华大学出版社,2013.

[8] 吴功宜,谭浩强,吴英.Internet 基础[M].北京:清华大学出版社,2011.

[9] 〔韩〕崔美善.网页风格构成[M].北京:电子工业出版社,2006.

[10] 杨选辉.设计师谈精彩网页设计[M].北京:清华大学出版社,2004.

[11] 梁景红.设计师谈网页设计思维[M].北京:电子工业出版社,2006.

[12] 周虹.优秀网页设计速查与赏析[M].北京:电子工业出版社,2005.

[13] 日本视觉设计研究所.网页设计基础[M].北京:中国青年出版社,2004.

[14] 姜恩正.成功网页设计原创[M].北京:电子工业出版社,2006.

[15] 曹金明,程超.网页设计与配色[M].北京:红旗出版社,2005.

[16] 黎芳.网页设计与配色实例分析[M].北京:兵器工业出版社,2006.

[17] 张洪德.色彩设计搭配手册[M].上海:上海科学技术文献出版社,2006.

[18] 张楠溪.新锐网页色彩与版式搭配案例指南[M].北京:中国青年出版社,2007.

[19] 王爽,刘新乐.网站设计与网页配色[M].2 版.北京:科学出版社,2013.

[20] 〔韩〕权智殷.设计师谈网页色彩与风格[M].北京:电子工业出版社,2006.

[21] 祁瑞华.Dream Weaver 网页设计与制作[M].北京:清华大学出版社,2013.

[22] 数字艺术教育研究室.DreamWeaver CS6 基础培训教程[M].北京:人民邮电出版社,2012.

[23] 顾群业.网页艺术设计[M].济南:山东美术出版社,2002.

[24] 张旭生.网页版式设计指南[M].北京:国防工业出版社,2004.

[25] 〔日〕佐佐木刚土.版式设计原理[M].北京:中国青年出版社,2007.

[26] 〔美〕WIAIAMS R.写给大家的 Web 和版式设计书[M].北京:机械工业出版社,2008.